Detlef Bührer

Toolbox Business-Kommunikation

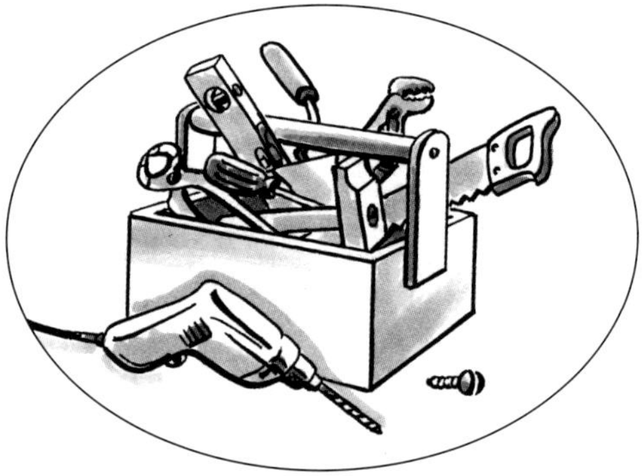

Detlef Bührer

Toolbox Business-Kommunikation

Handwerkszeug
für eine effizientere
Kommunikation

GABAL

Bibliografische Information der Deutschen Nationalbibliothek

Die Deutsche Nationalbibliothek verzeichnet diese Publikation in der Deutschen Nationalbibliografie; detaillierte bibliografische Daten sind im Internet über http://dnb.d-nb.de abrufbar.

ISBN 978-3-89749-674-3

Lektorat: Christiane Martin, Köln
Umschlaggestaltung: +Malsy Kommunikation und Gestaltung, Willich
Umschlagfoto: Picture Press, Hamburg
Satz und Layout: Lohse Design, Büttelborn
Druck und Bindung: Salzland Druck, Staßfurt

www.gabal-verlag.de
www.gabal-shop.de
www.gabal-ist-ueberall.de

Inhalt

6. Moderieren

Vorwort

Zu den einzelnen persönlichen Fähigkeiten und Fertigkeiten, die heute im Berufsleben notwendig sind und erwartet werden, gibt es Literatur wie „Sand am Meer“. Derjenige, der Ideen, Anregungen oder konkrete Methoden und Techniken für kommunikative Prozesse sucht, muss sich allerdings in der Regel durch umfangreiche Textpassagen hindurcharbeiten, bis er das Gewünschte findet.

Diesem Buch liegt ein anderer Ansatz zugrunde: Das kommunikative Miteinander basiert auf Grundstrukturen, die man kennen muss, um sie anwenden zu können und irgendwann ein „Könner“ zu werden. Das Kennenlernen kann im Selbststudium erfolgen, eine knappe und übersichtliche Darstellung ist dabei hilfreich. Daher finden sich im vorliegenden Buch ausschließlich knappe Erörterungen, Übersichten, Grafiken und Tabellen.

Das Buch richtet sich an alle, die sich in kommunikativen Situationen wiederfinden, sei es als Gesprächsteilnehmer, Verhandlungspartner, Redner, Präsentator oder Moderator. Der Anfänger bekommt eine Box mit Handwerkszeug in die Hand, der Fortgeschrittene kann seine Erfahrungen mit neuen Anregungen und Ideen verknüpfen.

Die Seiten sind so gestaltet, dass sich aus der jeweils unteren Seitenhälfte durch Kopieren leicht Arbeitskarten erstellen lassen, welche in der Praxis professionelle Unterstützung bieten. Der Einsatz dieser „Tools“ ermöglicht somit eine Verringerung der individuellen Defizitfaktoren.

Wer auch immer Feedback zu dieser Aufbereitung an mich geben möchte, ist herzlich dazu eingeladen!

Cuxhaven, im September 2006 — Detlef Bührer

1.

Kommunizieren

Selektive Wahrnehmung

Wir stellen den Kontakt zur Außenwelt, die Wahrnehmung, über unsere fünf Sinne her. Warum nehmen wir jedoch Ereignisse, Situationen, Personen und so weiter unterschiedlich wahr? Weil wir unsere Umgebung selektiv wahrnehmen.

Jeder von uns verfügt über subjektive Wahrnehmungsfilter. Wer in einen anderen Menschen verliebt ist, der blendet die (doch so objektiven) Einwände von anderen aus. Wer jemals von einem kleinen und korpulenten Chef abgekanzelt wurde, dem sind alle Kleinen und Dicken unsympathisch. Wahrnehmung schafft also ein gedankliches Abbild der realen Welt.

Im Kontakt mit Kunden, Kollegen und Vorgesetzten muss uns bewusst sein, dass unser Bild vom anderen eine gefilterte Konstruktion ist. Das Gleiche gilt sinngemäß für den Kommunikationspartner. Aus unterschiedlichen Wahrnehmungen können Beziehungsstörungen resultieren.

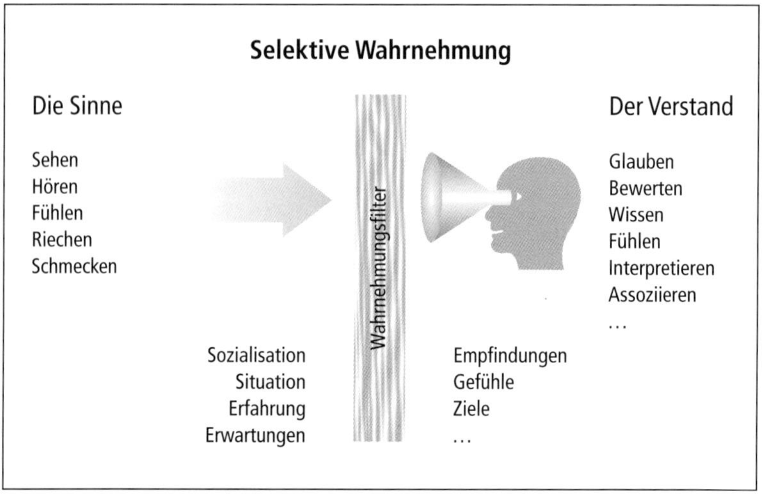

Das Sender-Empfänger-Modell

Wir senden und empfangen ständig verbale wie auch nonverbale Signale. Verbale Kommunikation gehorcht anderen Regeln als nonverbale.

In einem persönlichen Gespräch können wir den Partner über sämtliche Wahrnehmungskanäle erleben, ein Telefonat reduziert die Möglichkeiten der Wahrnehmung. Erstaunlicherweise nehmen wir auch dabei Empfindungen des anderen wahr, obwohl dieser physisch gar nicht anwesend ist. Wer hat nicht schon einen anderen durchs Telefon lächeln erlebt!

Indirekte Kommunikation konzentriert die Wahrnehmung auf einen Kanal: Wer sich mit einer E-Mail im Ton vergreift, hat keine Möglichkeit, das beim Empfänger im Augenblick der Entgegennahme zurechtzurücken.

Das Sender-Empfänger-Modell

Ideen, Wünsche
Vorstellungen,
Meinungen,
Ziele, Motive

Sender

Ideen, Wünsche,
Vorstellungen,
Meinungen,
Ziele, Motive

Empfänger

Signale

verbal/nonverbal
direkt/indirekt, z. B.

- Gespräch
- Telefonat
- E-Mail

Das Kommunikationsdilemma

Gehört heißt nicht verstanden, verstanden heißt noch lange nicht einverstanden.

Kommunikation zwischen Menschen scheint anderen Gesetzen zu gehorchen als die reine Physik. Es ist einfach, dafür zu sorgen, dass ein Datenpaket von A nach B gelangt und die übermittelten Bits keinen Schaden erleiden.

Das Dilemma in der zwischenmenschlichen Kommunikation resultiert daraus, dass nicht nur Inhalte (die Bits) übermittelt werden. Spätestens die Äußerung eines anderen „Das habe ich so doch gar nicht gemeint" macht klar, dass mehr als die reine Information übermittelt wurde.

In der Kommunikation kommt es nicht so sehr darauf an, wie etwas gemeint ist, sondern vielmehr, wie es beim anderen ankommt!

Das Kommunikationsdilemma

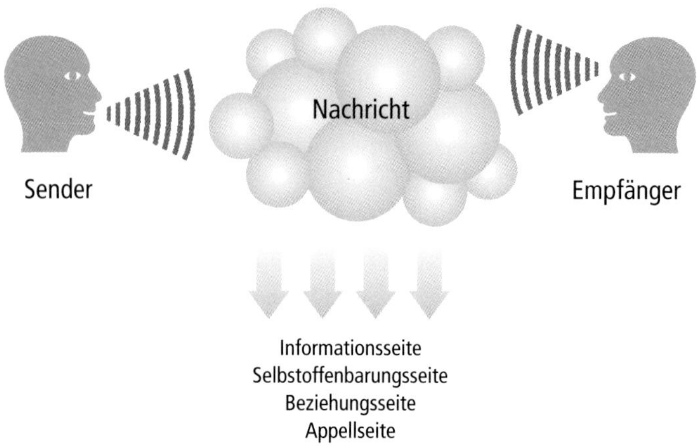

Ebenen der Kommunikation

Der Abteilungsleiter gibt den monatlichen Statusbericht vor seinen Mitarbeitern: „Wenn sich die Damen und Herren Projektleiter etwas intensiver an die Standards gehalten hätten, hätten wir einen um 50 Prozent höheren Deckungsbeitrag erwirtschaftet!"

Was hier so locker auf die Nachrichtenreise geht, spricht bei den Empfängern unterschiedliche Ebenen an: Für den einen ist das eine Selbstaussage nach dem Motto „Ich mache sowieso alles am besten", für den anderen eine Störung der Beziehungsebene à la „Ich kann euch nicht leiden". Ob die vom Abteilungsleiter beabsichtigte Adressierung der Appell- sowie Sachinhaltsebene gelingt, ist eher unwahrscheinlich.

Die vier dargestellten Seiten sind in jeder Nachricht quasi als Paket enthalten, jeweils eine Seite steht situationsspezifisch im Vordergrund. Wem es wirklich auf die Sachinhaltsseite ankommt, der muss in erster Linie für eine positive Beziehung zwischen Sender und Empfänger sorgen. Der oben zitierte Rundumschlag wird andere Wirkung zeigen.

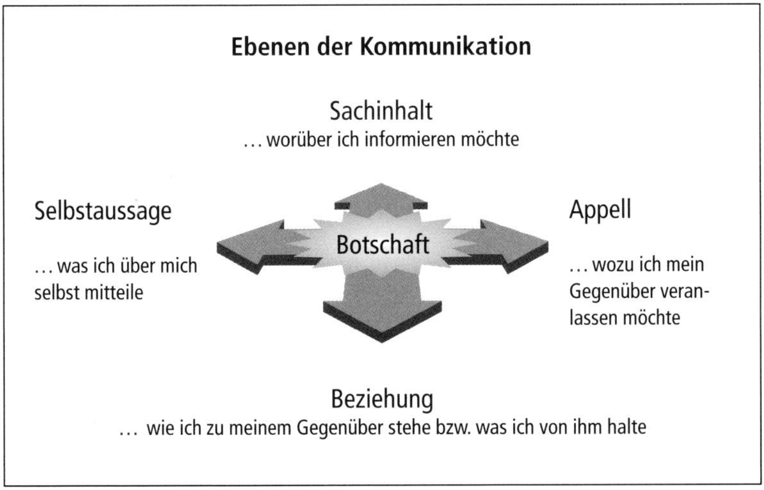

Konstruktive Gesprächsführung

Eine konstruktive Gesprächsführung fällt manchen Menschen schwer: Sie signalisieren ihrem Partner deutlich Desinteresse oder geringe Wertschätzung. Verhaltensweisen, die dazu führen können, sind fehlender Blickkontakt, negative Sprachelemente oder das Nicht-Eingehen auf die Argumente des Partners.

Versuchen Sie, Gespräche in eine konstruktive Richtung laufen zu lassen: Körpersprachliches wie Sprachliches hilft Ihnen dabei. Unangenehmes lässt sich meist positiv formulieren, zum Beispiel so: „Nennen wir es nicht Schlamperei, sondern Versäumnis.“

Wenn es Ihr Gegenüber nicht tut: Behalten Sie das Gesprächsziel stets im Auge!

Konstruktive Gesprächsführung

- Blickkontakt halten
- die richtige „Sprache" wählen
- in kurzen Sätzen reden
- positiv formulieren
- mit Bildern und Beispielen arbeiten
- Behauptungen beweisen
- eigene Fehler eingestehen
- das Gesprächsziel im Auge behalten

Aktiv zuhören

Menschen, die nicht zuhören können, verunsichern oder verärgern ihre Gesprächspartner. Aktives Zuhören ist eine Form der Aufmerksamkeit und Wertschätzung dem Sender gegenüber, die über das passive Schweigen und Ausredenlassen hinausgeht. Es bedeutet nämlich zuhören wollen.

Aktiv zuhören wird dem Bedürfnis gerecht, ernst genommen zu werden. Es stellt weniger eine Technik, sondern vielmehr eine Grundhaltung dar. Dazu gehört die Fertigkeit, die Rolle des Zuhörendenden im richtigen Moment zu verlassen, um durch geeignete Intervention ein Gespräch am Leben zu halten.

Versuchen Sie sich doch einmal zu erinnern: Saßen Sie nicht auch schon einem Zeitgenossen gegenüber, der Sie – aus dem Fenster blickend und mit den Fingern auf den Schreibtisch trommelnd – aufforderte, doch mal ganz in Ruhe zu berichten? Aktiv zuhören ist etwas anderes!

Aktiv zuhören

- Schweigen Sie!
- Entspannen Sie den Gesprächspartner!
- Halten Sie Ablenkung fern!
- Stellen Sie sich auf den Partner ein!
- Haben Sie Geduld!
- Beherrschen Sie sich!
- Fragen Sie!

Paraphrasieren

Projekte benötigen Meilensteine, zu denen vorher definierte Ergebnisse vorliegen müssen – Gespräche auch! Wer einem anderen zugehört hat, muss nicht zwangsläufig auch alles erfasst und verstanden haben, vielleicht nicht einmal das Wesentliche!

Paraphrasieren ist eine Technik, mit deren Hilfe Sie Verständnis in Gesprächen sichern können. Es ist das Wiederholen des soeben Gehörten, Verstandenen oder vermeintlich Verstandenen mit eigenen Worten.

Paraphrasieren eröffnet die Möglichkeit, ein Gespräch aktiv zu führen. Sie arbeiten das Wesentliche heraus und bringen die Dinge auf den Punkt – zwischendurch und zum Abschluss. Solche Meilensteine wirken sehr qualitätsfördernd in Gesprächen – wie im Projektleben auch!

Paraphrasieren

Gehörtes, Verstandenes mit eigenen Worten umschreiben

„Wenn ich Sie richtig verstanden habe, dann …"
„Das würde also bedeuten, dass …"
„Sie meinen also, dass …"

- um Verständnis zu sichern
- um das Gespräch aktiv zu führen
- um Wesentliches herauszustellen
- um Standpunkte anzugleichen
- um ein positives Klima zu erzeugen

Gesprächsstörer

Gesprächsstörer signalisieren Überlegenheit, indem sie die eigene Person in den Vordergrund stellen. Sie vermitteln aber auch eine gewisse Geringschätzung dem Gesprächspartner gegenüber und provozieren dadurch häufig dessen Widerstand.

Wer sich nicht in der Lage sieht, den subtilen Formen von Störmanövern mit „sportlicher Rhetorik“ zu begegnen, dem bleibt folgender Ausweg: Begeben Sie sich auf die Meta-Ebene, also klettern Sie auf die Gesprächsebene, auf der über die Art der Kommunikation gesprochen wird. „Wie würden Sie reagieren, wenn ich das zu Ihnen gesagt hätte?“, nimmt dem anderen schnell den Wind aus den Segeln.

Gesprächsstörer

wie zum Beispiel

- befehlen
- überreden
- warnen/drohen
- Vorwürfe machen
- bewerten/kritisieren
- ironisieren/verspotten
- ablenken
- ausfragen

wirken oftmals so

lassen Überlegenheit erkennen

↓

offenbaren Geringschätzung des Partners

↓

provozieren Widerstand

Konstruktives Feedback

Feedback ist die persönliche Mitteilung über die Wahrnehmung einer Situation, die aktuell erlebt wurde. Legen Sie diesen Maßstab, der in der Definition steckt, einmal an das Geschehen im betrieblichen Alltag an: Häufig erreicht Feedback die Betroffenen mit Zeitverzögerung – über die Flure sozusagen: „Was da neulich in der Präsentation gelaufen ist, scheint auch nicht optimal gewesen zu sein!"

Wer in der betrieblichen Kommunikation besser werden möchte, braucht Feedback, aber solches, das definierten Regeln folgt. Und er tut gut daran, sich auch als Empfänger an Regeln zu halten. Er entscheidet, ob er die Chance nutzt!

Wahrscheinlich bekommen auch Sie konstruktives Feedback viel zu selten angeboten – also suchen Sie es aktiv!

Konstruktives Feedback

Feedback ist die persönliche Mitteilung über die Wahrnehmung einer momentanen Situation.

Geber	Nehmer
◆ bezieht sich auf eine konkrete Situation unmittelbar nach der Beobachtung ◆ bietet an, zwingt nicht auf ◆ interpretiert nicht ◆ moralisiert nicht	◆ verteidigt/rechtfertigt sich nicht ◆ hört zu, argumentiert nicht dagegen ◆ er entscheidet – es ist seine Chance!

Gezielt unterbrechen

Manchmal ist es notwendig, Kommunikationspartner in ihrem Redefluss zu stoppen: Die Zeit läuft davon, der andere kommt „vom Hundertsten ins Tausendste" oder redet völlig am Thema vorbei.

Andere zu unterbrechen ist meist unangenehm, besonders dann, wenn es sich um Vorgesetzte oder Kunden handelt. Unhöfliches Dazwischengehen von Ihrer Seite („Fassen Sie sich bitte kurz!") verbietet sich, aber es gibt ja elegantere Interventionsmöglichkeiten. Sobald Sie sich dem Partner per Blickkontakt, passender Gestik und Nennung seines Namens zuwenden, steigt die Chance, dass dieser innehält und Sie anknüpfen lässt.

Auch das Paraphrasieren als Angebot einer Zusammenfassung kann helfen. Bei Anwendung dieser Technik kann man oft deutlich spüren, wie die übrigen Anwesenden erleichtert aufatmen!

Gezielt unterbrechen

Gezielt unterbrechen – wie?

- Satzende/Pause nutzen
- ins Wort fallen
- Frage einwerfen
  „Darf ich ..."
- Zusammenfassung anbieten
- Namen als Haken einsetzen
  „Herr Huber, sagen Sie ..."

Nicht unterbrechen lassen – wie?

- weiterreden
- körpersprachliches
  „Noch-einen-Moment"
- verbale Panzerung
  „Ich bin gleich fertig."
- Durchhalte-Schleife
  „Es ist ..." – „Es ist ..." –
  „Es ist doch so, dass ..."

Nicht unterbrechen lassen

Nun wird es sportlich: Als Meister im gezielten Unterbrechen anderer wollen Sie verhindern, selbst unterbrochen zu werden. Mit etwas Praxis sollte Ihnen auch dies gelingen.

Einfach weitersprechen mag funktionieren, ein körpersprachliches oder verbales „Noch-einen-Moment" hilft zumeist. Beim Einsatz der Durchhalte-Schleife gewinnt derjenige, der über den längeren Atem verfügt.

Sollte es doch jemand schaffen, Sie zu unterbrechen, so können Sie danach immer noch in aller Seelenruhe den unterbrochenen Satz wiederholen.

Nicht unterbrechen lassen

Gezielt unterbrechen – wie?

- Satzende/Pause nutzen
- ins Wort fallen
- Frage einwerfen „Darf ich …"
- Zusammenfassung anbieten
- Namen als Haken einsetzen „Herr Huber, sagen Sie …"

Nicht unterbrechen lassen – wie?

- weiterreden
- körpersprachliches „Noch-einen-Moment"
- verbale Panzerung „Ich bin gleich fertig."
- Durchhalte-Schleife „Es ist …" – „Es ist …" – „Es ist doch so, dass …"

Kommunikationstypen

Die Gruppenzusammensetzung in einem Meeting oder bei einer Präsentation erinnert häufig an die Typologie von Tieren in Geschichten: Da gibt es den vorlauten Affen, das stoisch ruhige Flusspferd, die arrogante Giraffe und andere.

Manche machen uns durch ihr Rollenverhalten das Leben leichter, andere bringen uns schier zur Verzweiflung. Was tun, wenn ein Teilnehmer den total Passiven herauskehrt? Was, wenn einer alles besser weiß?

Wie Sie gegensteuern können, lesen Sie unten. Eines aber sollten Sie vermeiden: Nichts tun. Lassen Sie sich nicht die Regie für eine Veranstaltung, für die Sie verantwortlich sind, aus der Hand nehmen.

Kommunikationstypen

Dieser Typ	verhält sich so:	Sie können
Der Stille	ist bescheiden/unauffällig.	fragen und animieren.
Der Gefangene	hat keine Erwartungen.	Bedürfnisse ermitteln.
Der Enthusiast	nimmt alles begeistert auf.	dämpfen.
Der Boss	spielt den Hierarchen.	Zurückhaltung einfordern.
Der Verlorene	ist ohne Vorkenntnisse und hält auf.	unterstützen.
Der Alleswisser	weiß alles und antwortet immer	loben und beschäftigen.
Der Vielredner	hört nicht auf zu reden.	unterbrechen.
Der Spaßvogel	tut sich ständig hervor.	ermahnen.
Der Manipulierer	versucht, Ziele zu beeinflussen.	thematisieren.

2.

Vortragen

Die SAGE-Technik

Sie vermeiden Risiken, wenn Sie die Vorbereitung auf Rede und Vortrag systematisieren. Vier Phasen bieten sich an: Das *Sammeln* von Material, das *Auswählen* der relevanten Beiträge, die *Gewichtung* nach festgelegten Kriterien sowie das *Einteilen* in die Vortragsstruktur.

Arbeiten Sie die einzelnen Phasen grundsätzlich nacheinander ab, Iterationen sind selbstverständlich notwendig und zugelassen.

Die vorgestellte Systematik zur inhaltlichen Behandlung eignet sich genauso gut für die Vorbereitung von Präsentationen (vgl. „Vorbereitungsschritte“ im Kapitel 3 „Präsentieren“).

Die SAGE-Technik

Sammeln	mithilfe einer geeigneten Methode
Auswählen	was für die Zielgruppe und die Ziele relevant ist
Gewichten	gemäß ABC-Analyse
Einteilen	in die einzelnen Teile des Vortrages

Sammeln

Wie viel Material braucht man, um genügend Stoff für einen Vortrag zu haben? Auf jeden Fall mehr, als dann tatsächlich eingearbeitet wird! Je mehr Hintergrundwissen Sie zu Ihrem Thema mitbringen, desto sicherer werden Sie auftreten und desto weniger werden Sie sich durch kritische Fragen aus der Bahn werfen lassen.

Fangen Sie frühzeitig mit Ihrer Stoffsammlung an. Stellen Sie sich beispielsweise eine Pinnwand in Ihr Büro und heften Sie notierte Themen, Ideen und Beiträge sofort dort an. Das hat den zusätzlichen Vorteil, dass Sie schon während des Sammelns vorstrukturieren können.

Selbst auf Reisen, im Flugzeug oder in der Bahn, können Sie systematisch sammeln: Sie benötigen dazu Block und Stift sowie Grundkenntnisse in der Methode „Mind Mapping".

Sammeln

Vorgehensweise:

- „Top-down"
- „Bottom-up"

Hilfsmittel:

- Karteikarten anlegen
- Moderationskärtchen anpinnen
- Mind Map entwickeln
- Brainstorming durchführen

Kreativität mittels Mind Mapping

Mind Mapping (wörtlich übersetzt „Gedächtnis-Karte") ist eine Technik, die sich verblüffend schnell erlernen und anwenden lässt. Sie macht sich die Erkenntnisse der Gehirnhälftentheorie zunutze und unterstützt den visuell-kreativen Typus.

Eine Mind Map entwickelt sich aus der Mitte heraus: An das Thema (den Stamm) werden Hauptäste (Hauptgedanken), an diese Verästelungen (weiterführende Gedanken) angetragen. Dabei sind Beschriftungsregeln zu beachten. Grafikelemente unterstützen die Aussagekraft und den Erinnerungswert der Darstellung.

Die Methode lässt sich auch vorzüglich zur simultanen Visualisierung der Ergebnisse von Gruppendiskussionen verwenden. Selbst am Telefon, wenn Sie sich umfangreiche Notizen machen wollen, hilft sie Ihnen. Probieren Sie es aus!

Kreativität mittels Mind Mapping

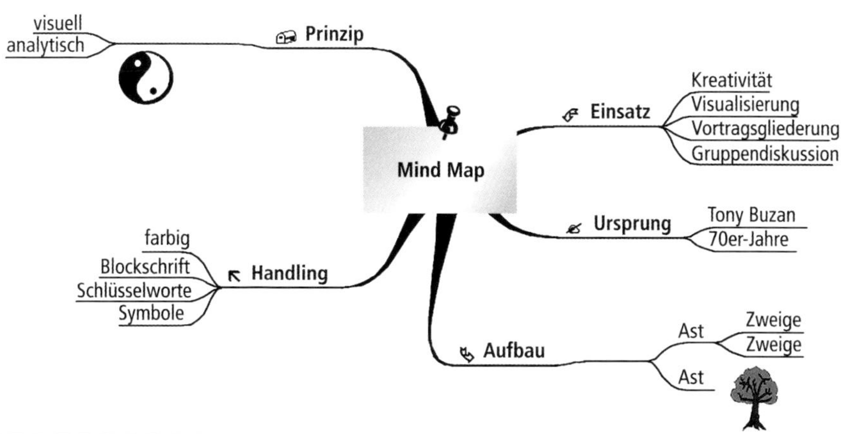

Auswählen

Wenn Sie eine Veranstaltung planen, dann gibt es für Sie als denjenigen, der sich mit dem Thema am besten auskennt, jede Menge Stoff, den Sie Ihren Zuhörern vermitteln können. Hüten Sie sich aber davor, den Auswahl-Filter an dieser Stelle auf „Ich bringe möglichst alles, was ich weiß" einzustellen.

Den Filter darf alles passieren, was dem definierten Ziel dient und der Zielgruppe von Nutzen sein kann. Entscheiden Sie zu diesem Zeitpunkt noch nicht darüber, wie intensiv Sie auf den jeweiligen Punkt eingehen wollen.

Eine Methode, die viele praktizieren, um ein Gefühl dafür zu bekommen, was Teilnehmern nützt und was nicht: Sie setzen sich gedanklich den Hut eines Mitglieds der Zielgruppe auf und suchen nach Antworten auf die Frage: Was möchte ich erfahren und erleben? Nach erneutem Hutwechsel sehen Sie klarer!

Auswählen

Vorgehensweise:	Hilfsmittel:
◆ zielorientiert	◆ Zielanalyse
◆ zielgruppenorientiert	◆ Zielgruppenanalyse
◆ nutzenorientiert	◆ Nutzenbetrachtung

Gewichten

Sie können bei Präsentationen oder vergleichbaren Veranstaltungen in Zeitnot geraten. Es kann passieren, dass Sie aufgefordert werden, ab einer bestimmten Stelle abzukürzen. Oder es stellt sich heraus, dass ein Teilaspekt für die Zielgruppe plötzlich eine ungeahnte Bedeutung bekommt.

Wohl dem, der in dieser Situation aufgrund professioneller Vorbereitung flexibel reagieren kann: Wenn Sie die ausgewählten Punkte nach der ABC-Analyse gewichtet haben, wissen Sie genau, was Sie präsentieren müssen, um Ihre Ziele zu erreichen, was Sie anbieten können, etwa wenn danach gefragt wird, und was Sie quasi in der Hinterhand halten dürfen, zum Beispiel wenn Sie noch ausreichend Zeit zur Verfügung haben.

Je mehr Erfahrung Sie haben, desto souveräner können Sie mit solchen Versionen „spielen“!

Gewichten

Vorgehensweise:

- quantitativ
- qualitativ

Hilfsmittel:

- ABC-Analyse
  A: Muss-Thema
  B: Kann-Thema
  C: Darf-Thema

Einteilen

Nach dem Gewichten wird das Material den einzelnen Vortragsteilen zugewiesen: Was eignet sich für einen motivierenden Einstieg, was kann im Hauptteil vom Anliegen überzeugen und positiven Erinnerungswert schaffen, was unterstützt den gewünschten „starken“ Schluss?

Im Hauptteil besteht die Herausforderung darin, eine passende Struktur zu finden. Anregungen dazu finden Sie auf den folgenden Seiten: Sie füllen Vortrags- oder Argumentationsformeln mit Ihren Inhalten oder hangeln sich ganz einfach an Denkleitlinien längs.

Bitte wiederholen Sie sich nicht allzu oft. Ein Beispiel, das sowohl in der Einleitung als auch im Hauptteil erwähnt wird, verliert beim zweiten Mal an Faszination.

Einteilen

Vorgehensweise:

- motivierend einsteigen
- vom Anliegen überzeugen
- Erinnerungswerte schaffen
- „stark“ abschließen

Hilfsmittel:

- Zuweisung zu den Vortragsteilen
- Integration in passendes Vortragsmodell

Grundstruktur

Nicht alles, was uns die Schule beigebracht hat, ist inzwischen obsolet: Der Aufsatz im Deutschunterricht wies eine Grundstruktur auf, die man uns eingebläut hat: Einleitung – Hauptteil – Schluss.

Ein Vortrag im Berufsleben folgt eben dieser Struktur: Die Zuhörer wünschen sich einen motivierenden Einstieg, einen gut gegliederten, nachvollziehbaren, überzeugenden Hauptteil sowie einen erkennbaren, „starken" Schlussteil zur weiteren Verankerung des Gehörten. Es besteht kein Grund, eine andere Struktur zu erfinden!

Proportionieren Sie die Zeitanteile für die Elemente in etwa so: 10 Prozent für die Einleitung, 5 Prozent für den Schlussteil. Der große Rest steht für den Hauptteil zur Verfügung.

Grundstruktur

motivierender Einstieg	gut gegliederter Hauptteil	„starker" Schluss
circa 10 %	circa 85 %	circa 5 %
Muss- sowie Kann-Elemente	Vortrags- bzw. Argumentationsformeln	Muss- sowie Kann-Elemente
↓	↓	↓
Motivieren	**Informieren Überzeugen**	**Verankern**

Der Start

Der erste Eindruck zählt – visuell wie inhaltlich. Sie möchten doch erreichen, dass Ihre Teilnehmer von Anfang an Appetit auf „mehr" bekommen.

Ein guter Einstieg kann nur zielgruppenorientiert erfolgen. Vergessen Sie all die abgedroschenen Floskeln aus der Abteilung „Ich freue mich, dass Sie so zahlreich erschienen sind ...". Versetzen Sie sich in die Rolle Ihrer Zuhörer und finden Sie heraus, welcher Einstieg die Chance auf einen schnellen, guten Kontakt bietet.

Was in der Einstiegsphase nicht funktioniert, müssen Sie später mühsam aufbauen. Investieren Sie daher ausreichend Zeit in die Vorbereitung. Potenzielle inhaltliche Elemente stehen genügend zur Auswahl.

Der Start

mögliche Ziele:

- Kontakt aufbauen
- Aufmerksamkeit/Interesse erregen
- Spannung/Betroffenheit erzeugen
- für Thema/Anliegen motivieren
- Beziehung herstellen
- Sympathie/Vertrauen erwecken

mögliche Elemente:

- Begrüßung
- Vorstellung
- Überblick über Thema, Ziel, Ablauf
- Anekdote, Zitat, These
- (rhetorische) Frage, Szenario
- spektakuläre Fakten
- anknüpfen an Aktuelles
- Provokation

Strukturierung des Hauptteils

Der Hauptteil Ihres Vortrages hat die größte zeitliche Dimension. Während Einleitung und Schluss weitestgehend unabhängig vom Thema gestaltet werden können, kommt es hier darauf an, worüber Sie sprechen und was Sie erreichen wollen.

Geht es darum, Zuhörer über einen Sachverhalt zu informieren, bieten sich einfache Leitlinien wie ein chronologischer Ablauf oder eine Prozess-Schilderung an. Wollen oder müssen Sie Zuhörer von etwas überzeugen, so holen Sie sich Anregungen bei den Argumentationsformeln. Wer sich selbst präsentieren möchte, wird eindrucksvolle Tätigkeiten und Referenzen schildern.

Sorgen Sie stets für einen intakten Spannungsbogen: Weniger Inhaltliches vorzubereiten und es dafür umso ansprechender zu vermitteln, ist meistens mehr als die Inflationierung der Information!

Strukturierung des Hauptteils

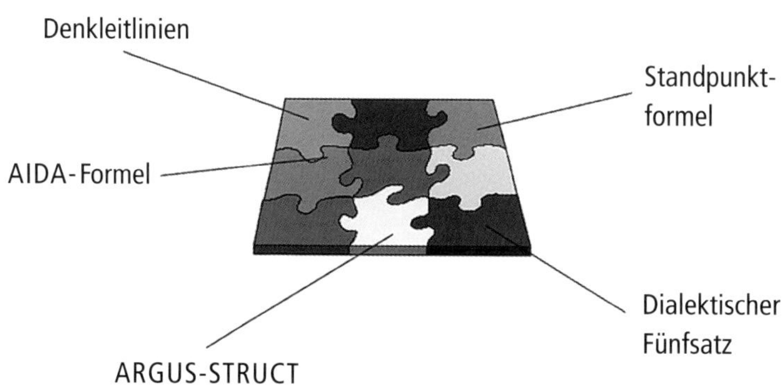

Denkleitlinien

Manchmal liegen die Dinge so einfach: Wenn Sie anderen von Ihrem tollen Urlaub erzählen, greifen Sie unbewusst zu einer chronologischen Schilderung. Auch bei der Schilderung einer Auftragsbearbeitung bietet sich die Darstellung des dabei ablaufenden Prozesses an – schon haben Sie Struktur in Ihrem Auftritt.

Greifen Sie – wenn es passt – für die Strukturierung des Hauptteils zu einer Denkleitlinie. Machen Sie Ihren Zuhörern die Logik der Struktur klar, halten Sie sich daran, und Ihre Zuhörer werden stets wissen, wo Sie sich gerade befinden. Es entsteht eine nachvollziehbare Gesamtaussage.

Deduktion bedeutet, sich vom Allgemeinen zum Speziellen zu bewegen, Induktion das Gegenteil davon. Mit der „Adversativ-Technik“ zerlegen Sie einen Sachverhalt in Haupt- und Unterpunkte, ähnlich wie dies in einem Inhaltsverzeichnis geschieht.

Denkleitlinien

- Chronologisch
- Prozessorientiert
- Soll-/Ist-Vergleich
- These – Antithese
- Problem – Lösung
- Deduktion, Induktion
- Adversativ-Technik

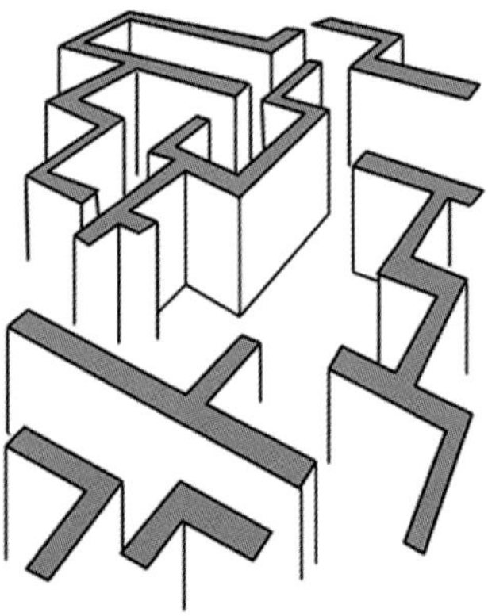

Standpunktformel

Die Standpunktformel stellt eines der klassischen Modelle aus der Argumentationstheorie dar. Bei ihrem Einsatz werden die These, die Meinung oder die Behauptung an den Anfang gestellt. Im weiteren Verlauf des Vortrags wird dann mit Argumenten begründet.

Da Sie sich damit gleich zu Beginn Ihrer Ausführungen inhaltlich festlegen, sollten Sie diesen Aufbau nur dann wählen, wenn Sie mit überwiegender Zustimmung Ihres Publikums rechnen können.

Mehr zur Standpunktformel sowie weiteren Argumentationsformeln, die allesamt für Vortragsgliederungen geeignet sind, finden Sie im Kapitel 5 „Argumentieren“.

Standpunktformel

Dialektischer Fünfsatz

Im Gegensatz zum vorgenannten Modell können Sie mit dem „Dialektischen Fünfsatz“ Ihr Publikum bei der entwickelnden Argumentation Schritt für Schritt auf die These vorbereiten. Das Modell bietet sich an, wenn Sie frühzeitige Einwände vermeiden wollen, Sie haben Zeit zur Entwicklung Ihrer These. Vermeiden Sie jedoch ein zu langes Hinauszögern Ihres Standpunktes, Ihr Publikum könnte ungeduldig werden.

Durch diesen Argumentationsaufbau dokumentieren Sie Ihren Zuhörern, dass Sie Lösungsvorschläge analytisch entwickelt haben.

Mehr zum „Dialektischen Fünfsatz“ finden Sie im Kapitel 5 „Argumentieren“.

Dialektischer Fünfsatz

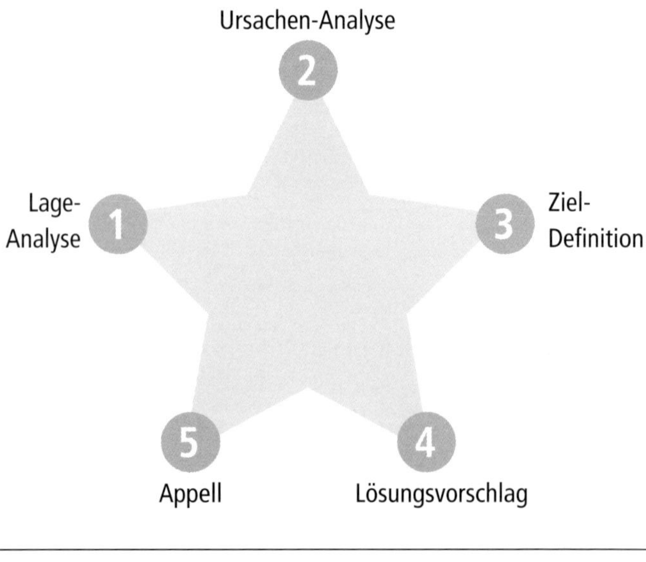

ARGU-STRUCT

Das ARGU-STRUCT ist ein erprobtes Hilfsmittel zur Strukturierung. Emil Hierhold und Erich Laminger haben den „Dialektischen Fünfsatz“ so weiterentwickelt, dass quasi ein System entstanden ist. Durch das Ausfüllen der Kästchen entsteht der rote Faden, die Schwerpunkte setzen Sie anschließend.

Überzeugungspräsentationen zielen vielfach auf die emotionale Komponente bei den Zuhörern. Mit dem ARGU-STRUCT fällt es Ihnen leicht, die richtigen Stellen in Ihrem Aufbau emotional zu „würzen“: Unter „Was passiert, wenn nicht …?“ schildern Sie die möglichen bzw. wahrscheinlichen Konsequenzen eines Nicht-Handelns, unter „Was bringt dieser Vorschlag?“ können Sie genüsslich den Nutzen Ihrer Lösung ausbreiten.

Mehr zum ARGU-STRUCT finden Sie im Kapitel 5 „Argumentieren“.

ARGU-STRUCT

- Wie ist die Situation?
- Was passiert, wenn nicht …?
- Was ist das Ziel?
- Wie kann das Ziel erreicht werden?
- Was bringt dieser Vorschlag?
- Was muss konkret getan werden?

AIDA-Formel

Die AIDA-Formel (*Attention* – Aufmerksamkeit erzeugen, *Interest* – Interesse wecken, *Desire* – Wünsche wecken, *Action* – Handlung einleiten) wird meist unter der Überschrift „nutzenorientierte Argumentation“ geführt.

In der Vortragssituation können Sie bei Bedarf das AIDA-Modell hinterlegen: Übernehmen Sie die Perspektive der anderen, sodass Sie deren Interesse und danach ihre Wünsche bzw. Bedürfnisse wecken können.

Jeder Vertriebler beherrscht dieses Instrument. Damit ist er nicht automatisch unseriös: Tauschen Sie für einen gedanklichen Moment „Bedürfnisse wecken“ gegen „Bedürfnisse ermitteln“, und Sie verfügen über eine seriösere Variante für das reguläre Geschäftsleben!

Mehr zur AIDA-Formel finden Sie im Kapitel 5 „Argumentieren“.

AIDA-Formel

Nutzenorientierte Darstellung

- **A**ttention: Aufmerksamkeit erregen
- **I**nterest: Interesse erzeugen
- **D**esire: Wünsche/Bedürfnisse wecken
- **A**ction: zur Handlung motivieren

Schlussteil

Der letzte Eindruck bleibt: Sie wollen positive Erinnerungswerte schaffen. Wenn Sie Ihren Hauptteil beendet haben und aufgrund mangelnder Vorbereitung, Zeitdruck oder anderem mit einem hastigen „Das war's" zum Ende kommen, bleibt ein schaler Geschmack beim Publikum.

Mit dieser Floskel darf der Tagesthemenmoderator seine tägliche Sendung beschließen. Doch wenn Sie genau hinhören, benutzt auch er die eloquentere Version „Das war's für heute aus Hamburg, ich wünsche Ihnen …".

Bereiten Sie den Schluss gut vor, denn während des Vortrags fällt Ihnen spontan eher nichts Gutes ein! Planen Sie ausreichend Zeit dafür ein. Hüten Sie sich davor, vor Ihrem eigenen Schlussteil die berühmte Diskussionsrunde zu starten, denn diese stellt einen klaren Einschnitt dar.

Schlussteil

Hauptziel:

Positive Erinnerungswerte schaffen!

mögliche Elemente:

- Zusammenfassung
- offene Punkte
- Fazit
- Appell, Anregung
- Vision
- Prognose
- weiteres Vorgehen
- Schleife zum Einstieg
- Dank

Medien zur Vortragsunterstützung

Es gibt Zeitgenossen, die erstaunlich lang ohne Stichwortquelle frei reden können. Sollten Sie diese Kunst nicht beherrschen – lassen Sie sich keine grauen Haare wachsen! Frei sprechen heißt nicht, ohne jegliche Unterstützung vortragen zu müssen.

Wir nutzen dazu die Fähigkeit des Sprechdenkens: Wir holen uns Stichworte von einem Medium, formulieren diese aus und stellen fest, dass wir Anschlussgedanken in Verbindung mit weiteren Stichworten zur Verfügung haben. Sprechen und Denken sind zwei parallele Prozesse, vergleichbar mit der Fähigkeit, gleichzeitig telefonieren und notieren zu können.

Entwickeln Sie über die Zeit das für Sie optimale Medium zur Vortragsunterstützung. Schauen Sie auch hier den professionellen Moderatoren und Talkmastern zu: Die arbeiten meist mit Kärtchen.

Medien zur Vortragsunterstützung

◆ DIN-A4-Blatt	eher ungünstig, Format dominiert, Händezittern wird sichtbar
◆ Karteikarte ◆ Moderationskärtchen	optimales Format, mehrere Karten möglich unaufdringlich, zwingt zur Selektion, eine Hand ist beschäftigt
◆ Folie	kann Handkarten ersetzen, setzt Kenntnis der Inhalte voraus, verleitet zum Dialog mit der Wand
◆ Flipchart-Plakat ◆ Pinnwand-Plakat	kann Handkarten ersetzen, Information ist permanent vorhanden, schränkt die Mobilität des Vortragenden ein

Anforderungen an den „Spickzettel"

In der Medienszene gibt es professionelle „Kärtchenschreiber", welche die Prominenten mit der benötigten Vortragsunterstützung versehen. Was Thomas Gottschalk geliefert bekommt, müssen Sie wahrscheinlich selbst herstellen.

Halten Sie sich an die unten aufgeführten handwerklichen Anforderungen. Sie werden feststellen: Schon diese vorbereitende Tätigkeit hilft dabei, Inhalte und Regie des bevorstehenden Auftritts zu verinnerlichen. Wer mit der Zeit feststellt, dass er die Kärtchen oder Ähnliches gar nicht benötigt, ist auf dem besten Weg, ein Profi zu werden.

Anforderungen an den „Spickzettel"

Er soll das freie Sprechen unterstützen.

Merkmale:

- nur Stichworte oder Halbsätze
- auch Regieanweisungen
- mit Farben arbeiten
- einseitige Beschriftung
- Seiten durchnummerieren
- leserliche Schrift
- Material: Karteikarten oder Moderationskärtchen

Aufbau von „Spickzetteln"

Bei Anfängern oder Vortragenden mit wenig Praxiserfahrung kann man häufig feststellen, dass sie den Fehler begehen, zu viel Ausformuliertes mit geringem Wiedererkennungswert vorzubereiten. Die meisten verheddern sich beim Auftritt hoffnungslos in diesem Wust.

Den optimalen Aufbau von Stichwortgebern gibt es nicht. Es gibt jedoch, abhängig von der Art des Auftritts und der persönlichen Arbeitsweise, erprobte Techniken. Die Folie in Notizblattansicht beispielsweise lässt sich elegant herstellen und mit eigenen Notizpunkten anreichern. Vorteil: Sie tragen das projizierte Bild sowie die eigenen Notizen stets in Händen. Sie können sich frei bewegen, Blicke zur Wand erübrigen sich.

Lassen Sie bitte den DIN-A4-Block dort, wo er hingehört: auf Ihrem Schreibtisch. Wer sich mit vollgeschriebenen Seiten und zitternden Händen vorankämpft, gibt kein souveränes Bild ab!

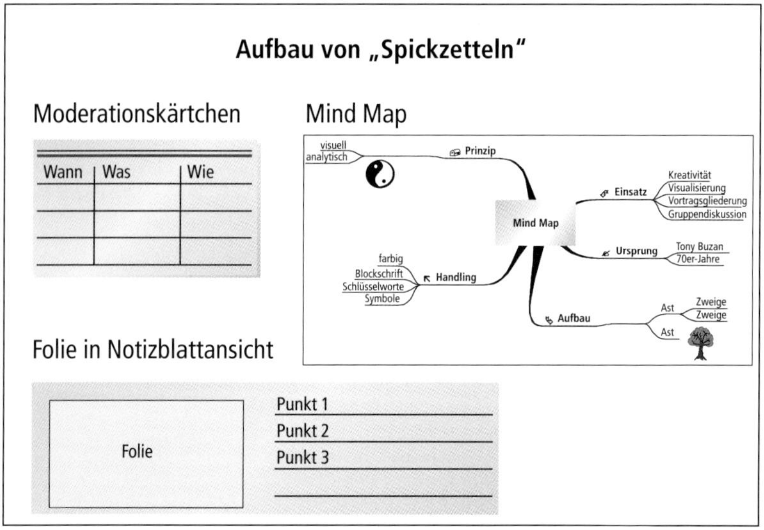

Mind Map zur Vortragsunterstützung

Sind Sie mit einer sequenziell sortierten Stichwortliste nicht so richtig zufrieden? Probieren Sie doch einmal, die Darstellung Ihrer Vortragsinhalte in der Form einer Mind Map aus.

Die benötigten Stichworte für 15 bis 30 Minuten Vortragszeit lassen sich erfahrungsgemäß in einer Map unterbringen – bei Bedarf ergänzt durch Symbole und Hervorhebungen. Die Anordnung der Hauptäste sollte dabei im Uhrzeigersinn erfolgen, begonnen wird bei circa 1:00 Uhr.

Diese Form der Darstellung ist übersichtlich und stellt eine sehr gehirngerechte Art des Arbeitens dar. Sie erfordert etwas Übung und im Idealfall eine geeignete Software zum sauberen Ausdruck.

Mind Map zur Vortragsunterstützung

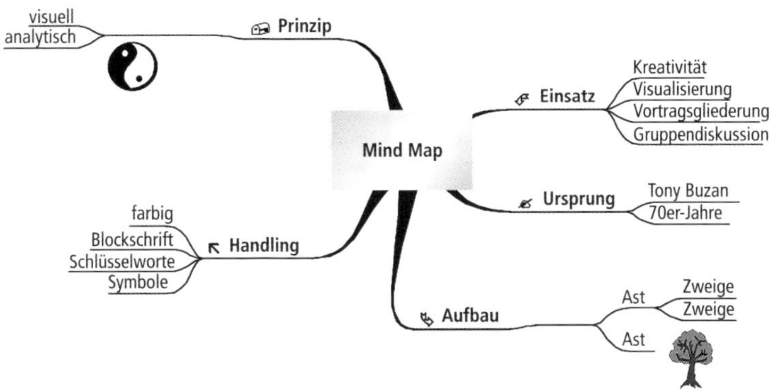

- Anordnung der Hauptäste im Uhrzeigersinn
- Start bei circa 1:00 Uhr
- eventuell zusätzliche Nummerierungen
- bei Bedarf Symbole und Hervorhebungen
- Ausdruck über geeignete Software

Der erste Eindruck

Was uns klar sein muss: Wir können auf einen anderen nicht „nicht wirken“. Beim ersten Kontakt, in Sekundenbruchteilen, ohne dass ein Wort gewechselt wurde, laufen Mechanismen ab, die unseren Eindruck auf das Publikum steuern. Der Volksmund kennt hierfür die Formulierung „Der erste Eindruck zählt!“.

Lenken Sie also nicht von Ihrer Persönlichkeit dadurch ab, dass Sie ein unpassendes Outfit wählen! Strahlen Sie Freundlichkeit aus, es kostet nichts. Trainieren Sie Ihre Körpersprache so, dass es Ihnen gelingt, Ruhe und Gelassenheit auszustrahlen.

Gönnen Sie sich und Ihrem Publikum zu Beginn eine Pause! Kommunizieren Sie in den ersten Sekunden ausschließlich durch Körpersprache, erst dann folgt Sprachkommunikation.

Der erste Eindruck

Was wird positiv registriert?

- passende Kleidung
- freundlicher Blick ins Publikum
- schulterbreiter, fester Stand
- eine Weile am Ort stehen bleiben
- Arme angewinkelt auf Taillenhöhe
- Hände in Ruheposition
- nicht sofort losreden, mit Pause beginnen

Der erste Eindruck zählt!

Die „Mehrabian-Torte“

Versuchen Sie, sich eine erlebte Präsentation, bei der Sie im Publikum saßen, in Erinnerung zurückzurufen: Woran können Sie sich erinnern, was ist inhaltlich noch präsent, was hat Ihre Erinnerung maßgeblich geprägt?

Stellt man diese Frage in Seminaren, lauten die Antworten meist so: „Einschläfernder Vortragsstil“, „Zu viele Details“, „Hektisches Agieren“. Und die Inhalte? Fehlanzeige! Kaum einer erinnert sich daran.

Wir wissen aus Untersuchungen seit den 1970er-Jahren dank A. Mehrabian, emeritierter Professor für Psychologie an der University of California, dass die Wirkung von Vorträgen auf Gefühle und Einstellungen maßgeblich von der äußeren Erscheinung sowie der Sprechtechnik geprägt wird. Gesagtes vergisst man schnell, Persönlichkeit bleibt in Erinnerung. Die Inhalte sind wichtig, sie haben jedoch kein Eigenleben.

Die „Mehrabian-Torte“

Wie werden Gefühle und Einstellungen vermittelt?

Die Wirkung einer Rede bestimmen zu

- mehr als 50 % die Erscheinung,
- circa 40 % die Sprechtechnik und
- weniger als 10 % die Inhalte.

(nach A. Mehrabian)

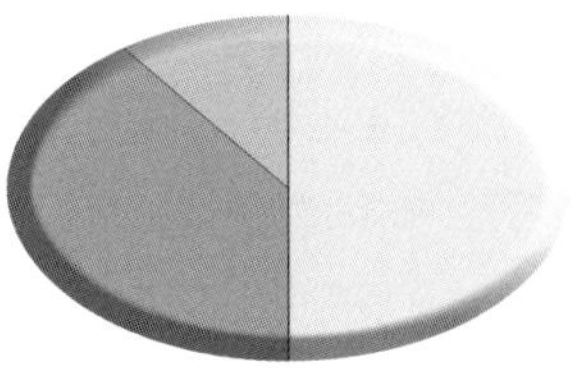

Die „Aktiva" des Redners

Machen Sie sich bewusst, mit welchen Aktivposten Sie als Redner ausgestattet sind: Mit dem visuellen Eindruck auf die Teilnehmer beginnen Sie zu „wirken", und – wie bereits erwähnt – Sie können nicht „nicht wirken".

Einen weiteren mächtigen Aktivposten stellt die Körpersprache dar. Sie kann Sympathie, Authentizität, Spaß und andere positive Elemente ausstrahlen und somit sprachliche und rhetorische Unzulänglichkeiten ausgleichen.

Weitere Aktiva sind Sprechtechnik und Redestil. Sprechen ist „Handwerk" und kann bei Bedarf verbessert werden. Für den Redestil gibt es einen Pflichtteil sowie die Kür. Das Beherrschen der Pflicht erspart den Zuhörern unangenehme Zumutungen, die Kür erhöht deren Wohlfühlfaktor.

Die „Aktiva" des Redners

Sprechtechnik	Redestil	Körpersprache

Artikulation	Verständlichkeit	Mimik
Modulation	Verbindlichkeit	Gestik
Tempo	Anschaulichkeit	Blickkontakt
Pausen	Eindringlichkeit	Haltung
Atmung	Einbeziehung	Kleidung

Sprechtechnik

Können Sie sich noch an Reden von Erich Honecker erinnern? Er gehörte zu denen, die die Zähne nicht auseinander bekamen und in ihrer Stimm-Modulation die gerade Linie der Kurve vorzogen. Wer derart redet, macht sein Publikum aggressiv oder bringt es zum Einschlafen.

Auch ein zu hohes Sprechtempo schadet der Artikulation, zudem haben die Zuhörer Mühe, gedanklich Anschluss zu halten. Wer schnell redet, muss sich bemühen, öfter Sprechpausen einzulegen (Hinweise auf dem persönlichen Spickzettel!).

Was die Atemtechnik angeht, haben uns die Altvorderen völlig falsch beraten: „Stell dich gerade hin, Brust raus, Bauch rein" hieß es in vielen Elternhäusern. Haben Sie einmal versucht, mittels dieser Atemtechnik genügend Luft zum Reden in den Körper zu bekommen? Unmöglich!

Sprechtechnik

Artikulation	deutlich reden, Zähne auseinander, „mit dem Korken im Mund" reden
Modulation	Klangfarbe und Tonfall bringen Ausdruckskraft, Monotonie vermeiden
Tempo	„Abgabegeschwindigkeit" kontrollieren, Tempo schädigt Artikulation
Pausen	erregen Aufmerksamkeit, Zuhörer können Anschluss halten
Atmung	Zwerchfell-Atmung bringt Volumen, im Stehen besser als im Sitzen

Redestil

Wie schon erwähnt – es gibt die Pflicht und eine Kür. Verständlichkeit und Verbindlichkeit erwartet man von jedem Redner. Mit Politikerfloskeln wie „Man sollte Reformschritte vielleicht einer intensiveren Begutachtung unterziehen" hauen Sie Ihren Zuhörern so ziemlich alles um die Ohren, was es an rhetorischen Entgleisungen gibt.

Anschaulich reden heißt, die Welt der Zahlen, Daten oder Fakten zu verlassen und jenen Zuhörern gerecht zu werden, deren rechte Gehirnhälfte effizienter arbeitet als die linke. Und das ist bei den meisten Menschen der Fall. Das Abholzen von 10 Hektar Wald ist nun einmal weniger dramatisch als die Fläche von über 20 Fußballfeldern …

Spaß macht es so richtig, wenn Sie das Gefühl bekommen, auch die Kür zu beherrschen. Nehmen Sie sich nicht zu viel auf einmal vor, versuchen Sie, in kleinen Schritten herauszufinden, was Sie sich zumuten können.

Redestil

Verständlichkeit	Sparsam mit Fach- und Fremdworten, einfache Satzkonstruktionen, Verb statt Substantiv
Verbindlichkeit	„ich" und „wir" statt „man", keine Weichmacher, kein Konjunktiv, keine Füllworte
Anschaulichkeit	Beispiele und Bilder aus der Welt der Zuhörer anstatt Zahlen, Daten oder Fakten
Eindringlichkeit	wiederholen, verdeutlichen, steigern, überraschen
Einbeziehung	namentlich ansprechen, vermuten, Scheinfragen stellen

Körpersprache

Grobe Schnitzer in der Körpersprache stören die Beziehungsebene zu Ihren Teilnehmern empfindlich! Da Sie sich in der Regel nicht per Videoaufzeichnung kontrollieren können, sind Sie auf das Feedback anderer angewiesen. Nutzen Sie solche Chancen!

Körpersprache korrespondiert häufig mit dem inneren Zustand, ist somit ein Ventil des Lampenfiebers: Lächeln fällt schwer, Gestik wirkt unnatürlich, der Blickkontakt zu den Teilnehmern ist unangenehm, der Körper findet keinen stabilen Halt. Sollten Sie stark unter Lampenfieber leiden, so widmen Sie sich zuerst diesem Thema.

Ab einem gewissen Erfahrungsstand als Vortragender macht es zunehmend Spaß, mit den Möglichkeiten der Körpersprache zu experimentieren.

Körpersprache

Mimik	beeinflusst die Beziehungsebene, freundlich und entspannt auftreten. Lächeln kostet nichts!
Gestik	muss das Gesprochene unterstützen, authentisch bleiben. Keine Gestik stört nicht!
Blickkontakt	Ohne Blickkontakt ist die Beziehungsebene gestört. Signale aus dem Publikum aufnehmen!
Haltung	Entspannung durch Gleichgewicht, fester Stand, Schultern locker, Arme hängen lassen
Kleidung	Passend zur Situation, darf nicht ablenken, man muss sich wohlfühlen damit

Umgang mit Lampenfieber

Subjektiv empfundene Nervosität wird vom Publikum meist weniger intensiv oder gar nicht wahrgenommen. Diese Erkenntnis tut erst einmal gut. Sollten Sie unter Lampenfieber leiden: Versuchen Sie nicht, es zu „bekämpfen“ – arrangieren Sie sich damit und entwickeln Sie Strategien, es immer besser und schneller in den Griff zu bekommen.

Geeignete Strategien gibt es für drei unterschiedliche Zeitpunkte: rechtzeitig vor dem Auftritt, kurz vor dem Auftritt und zu Beginn des Auftritts.

Rechtzeitig vor dem Auftritt gibt es diverse Möglichkeiten, zum Beispiel einen geeigneten „Spickzettel“ erstellen, Medien vorbereiten, die ersten Sätze auswendig lernen.

Kurz vor dem Auftritt können Sie Rituale praktizieren, die wenig Überwindung kosten und fast immer helfen. Am schwierigsten ist die Phase zu Beginn eines Auftritts. Selektieren Sie aus den vorgeschlagenen Möglichkeiten eine bis höchstens zwei.

Umgang mit Lampenfieber

rechtzeitig vor dem Auftritt	◆ langfristige Strategien entwickeln ◆ Absprachen treffen ◆ üben
kurz vor dem Auftritt	◆ Pannenpotenzial reduzieren ◆ positives „Warming-up“
zu Beginn des Auftritts	◆ Focus auf 1 bis 2 Defizitpunkte ◆ vorbereitete Unterstützung nutzen

Rechtzeitig vor dem Auftritt

Gute Vorbereitung ist auch im Hinblick auf Reduktion des Lampenfiebers ein Erfolgsgarant. Je intensiver Sie die Materie inhaltlich und vom Ablauf her beherrschen, desto gezielter können Sie sich auf die Umsetzung konzentrieren. Investieren Sie sowohl in die mentale wie auch in die mediale Vorbereitung.

Ein Probelauf, auch im Zeitraffer oder auszugsweise, ist vor bedeutenden Präsentationen mit Sicherheit gut investierter Aufwand. Sie bekommen dadurch ein gutes Zeitgefühl. Seien Sie offen für Feedback!

Vortragenden mit wenig Praxis sei empfohlen, sich einen Souffleur zu suchen. Dies ist eine Person aus dem Kollegenkreis, die bestimmte, vorher vereinbarte Kontroll- und Unterstützungsfunktionen ausüben wird, zum Beispiel das Zeitmanagement oder das dezente Stichwortgeben bei „Hängern“.

Rechtzeitig vor dem Auftritt

Bereiten Sie sich gut vor!	◆ besonders Anfang und Ende ◆ die ersten Sätze auswendig lernen
Erstellen Sie einen geeigneten „Spickzettel“!	◆ optimale Form suchen (z. B. Kärtchen) ◆ nicht ausformulieren, nur Stichworte ◆ übersichtlich mit Regieanweisungen
Bereiten Sie Medien vor!	◆ Medien als „roten Faden“ einsetzen ◆ Agenda etc. auf Permanentmedien
Führen Sie einen Probelauf durch!	◆ vor Kollegen/-innen ◆ komplett oder auszugsweise ◆ Feedback einholen
Suchen Sie sich einen „Souffleur“!	◆ vertraute Person wird „gebrieft“ ◆ Form der Unterstützung wird vereinbart

Kurz vor dem Auftritt

Es ist immer wieder erstaunlich, Menschen zu begegnen, die sich kurz vor einer Rede oder Präsentation emotional systematisch destabilisieren: Sie kommen zu spät zum Ort des Geschehens („Stau!"), verkriechen sich mit ihren Präsentationsunterlagen in eine Ecke und treten dann, wenn der virtuelle Gong ertönt ist, wie ein geprügelter Hund auf die Bühne.

Machen Sie es sich einfacher: Nutzen Sie den „Platzhirsch-Effekt". Reisen Sie entspannt an, seien Sie so rechtzeitig am Ort des Auftritts, dass Sie die Infrastruktur in Ruhe checken können. Wenn der erste Teilnehmer in der Tür erscheint, beginnt für Sie eine weitere Phase: Sie wechseln zum Small Talk. „Beschnuppern" Sie die Ankommenden, reden Sie sich langsam warm, kommen Sie auf Touren, und Sie werden erleben, dass sich der Start Ihres Auftritts nahtlos daran anschließt. Wenn Sie dadurch feststellen, dass der Müller, vor dem man Sie vorab gewarnt hat, ein ganz netter Kerl ist – umso besser!

Kurz vor dem Auftritt

Seien Sie rechtzeitig anwesend!	◆ „Platzhirsch-Effekt" nutzen ◆ sondieren, gestalten, prüfen ◆ Wasserglas bereitstellen
Sorgen Sie für Ihr körperliches Wohlbefinden!	◆ bequem kleiden ◆ vorher moderat essen und trinken ◆ Sauerstoff tanken, durchatmen
Stimmen Sie sich positiv ein!	◆ auf den Auftritt freuen ◆ keine „Worst-Case"-Szenarien ◆ Nervosität akzeptieren
Stimmen Sie sich mit dem Souffleur ab!	◆ Sitzposition klären ◆ Was wird wie signalisiert? ◆ Wann springt der Souffleur ein?
Halten Sie Smalltalk mit eintreffenden Teilnehmern!	◆ warmreden, ablenken ◆ Beziehungsebene aufbauen ◆ Vorurteile abbauen

Zu Beginn des Auftritts

Sie wissen sicherlich, was Ihnen besonders schwerfällt: körperliche Ruhe ausstrahlen, die Hände aus der Tasche nehmen, den Blickkontakt zu den Teilnehmern aufbauen und so weiter. Lampenfieber steigert solche Defizitpunkte.

Es hilft wirklich nur eines: Nehmen Sie sich nicht mehrere Defizitpunkte gleichzeitig vor, arbeiten Sie jeweils an einem. Holen Sie sich Ihre eigenen Anweisungen vom „Spickzettel". Bauen Sie Blickkontakt zum „Souffleur" und zu solchen Teilnehmern auf, die Ihnen besonders gewogen zu sein scheinen.

Fast jeder verfügt über persönliche Stärken, die ihm ein Feedback aufzeigen kann: Nutzen Sie solche Eigenschaften, indem Sie sie bewusst einsetzen. Es kann das charmante Lächeln sein, die sonore Stimmlage oder besondere Fachkompetenz.

Zu Beginn des Auftritts

Nehmen Sie einen festen Stand ein!	◆ Bodenkontakt mit beiden Sohlen ◆ Schultern und Arme hängen lassen ◆ nirgendwo anlehnen
Halten Sie sich an etwas „fest"!	◆ Stichwort-Kärtchen, Filzschreiber etc. ◆ nicht damit spielen ◆ keine Hand in die Tasche!
Suchen Sie Blickkontakt!	◆ anfangs zu besonders „positiven" Zuhörern, ◆ danach rundum ◆ zum Souffleur
Beachten Sie Ihre Defizitpunkte!	◆ Was haben Sie sich vorgenommen? ◆ Anweisungen vom Spickzettel holen ◆ nicht mehr als 2 Punkte im Auge haben
Setzen Sie persönliche Stärken bewusst ein!	◆ Was gelingt Ihnen besonders gut? ◆ Worin fühlen Sie sich sicher? ◆ Etwas zu viel davon ist legitim!

Blackout – was tun?

Machen wir uns nichts vor: Vor einem Blackout, einer temporären gedanklichen Blockade, ist keiner gänzlich gefeit. Rechnen Sie damit, und rüsten Sie sich für den Fall der Fälle!

Ihr Spickzettel, den oben genannten Empfehlungen folgend aufgebaut, kann Ihr Lebensretter sein. Soweit zur Prävention! Situativ müssen Sie vermeiden, eine zu lange Sprechpause aufkommen zu lassen. Eine solche würde die Blockade verstärken.

Formulieren Sie den letzten Satz neu, wiederholen Sie den letzten Gedanken, überbrücken Sie mit einem „Meine Damen und Herren", deklarieren Sie öffentlich Ihren Blackout – reden Sie unter allen Umständen weiter!

Erfahrungsgemäß nimmt das Publikum dem Vortragenden einen einzelnen Blackout überhaupt nicht krumm. Eher leidet es mit.

Blackout – was tun?

- Benutzen Sie Ihren vorbereiteten Spickzettel!
- Reden Sie weiter – lassen Sie keine Pause aufkommen!
- Wiederholen Sie Ihren letzten Satz bzw. Gedanken!

- Formulieren Sie Ihren letzten Satz um!
- Überbrücken Sie mit einem Einschub (z. B. Anrede)!
- Lassen Sie sich vom Publikum ein Stichwort nennen!
- Wechseln Sie Ihre Position, bewegen Sie sich!

Auftritt vor großem Auditorium

Auch wenn Sie jahrelange Praxiserfahrungen im Auftreten vor Gruppen haben, so wird es eine Herausforderung für Sie sein, wenn sich die Dimensionen allzu heftig ändern: Aus dem Präsentationsraum wird eine Halle, die Zuhörergemeinde wächst auf anonyme Hundertschaften an.

Eine wesentliche Erkenntnis aus Auftritten dieses Kalibers kann sehr schnell folgende sein: Die Unmöglichkeit, zu Einzelnen Blickkontakt aufnehmen zu können, irritiert und isoliert. Es fehlt ein wichtiges Stück Feedback!

Suchen Sie sich Fixpunkte im Saal, etwa Zuhörerblöcke, Dekorationsgegenstände oder die Regie! Bereiten Sie die Startphase penibel vor! Hier muss zumindest rhetorisch alles klappen! Der Rest ist dann Gewöhnungssache.

Auftritt vor großem Auditorium

- Der Start muss klappen – auswendig lernen!
- Fixpunkte im Raum suchen – Blickkontakt ist unmöglich!
- Mikrofonprobe vorab – eingewöhnen!
- „Walk around" vorab – Perspektiven testen!
- Keine Dialoge mit Zuhörern!
- Gutes Zeitmanagement!

Umgang mit kritischen Fragen

Natürlich wünschen wir uns als Vortragende Fragen, stellen sie doch Lebenszeichen unserer Zuhörer dar. Mit kritischen Fragen sind solche gemeint, die wir eher nicht gestellt haben möchten, weil wir sie nicht beantworten können oder wollen oder weil der Fragesteller damit unlautere Absichten verfolgt.

Ihre Reaktion sollte verbindlich und eindeutig ausfallen. „Das kann ich Ihnen leider nicht beantworten", hilft allen Beteiligten mehr als minutenlanges Schwafeln nach Talkshow-Manier. Stehen Sie zu Wissenslücken oder fragen Sie nach!

So hat ein Student in der mündlichen Prüfung durch die konsequente Taktik des Nachfragens dem prüfenden Professor dann doch so viel an Zusatzinformation entlockt, dass es für ein „befriedigend" reichte!

Umgang mit kritischen Fragen

- Verbindlich und eindeutig antworten – keine Weichmacher!
- Mit Gegenfrage kontern!
- Fragesteller namentlich ansprechen!
- Blickkontakt während der Beantwortung!
- Nach Beantwortung Blickkontakt entziehen!

Umgang mit Störmanövern

Welches Verhalten von Teilnehmern Sie stört und welches nicht, entscheiden alleine Sie! Was für den einen eine willkommene Herausforderung darstellt, ist für den anderen ein massiver Eingriff in seine Regie.

Störungen haben immer Vorrang! Diese Feststellung bezieht sich nicht auf deren Inhalt, sondern auf ihr Auftreten. Sie müssen auf Störungen unmittelbar regieren! Das Grundmuster: Nehmen Sie Blickkontakt zum Störer auf und sprechen Sie ihn mit seinem Namen an.

Je größer Ihre Erfahrung in derartigen Situationen ist, desto größer wird auch Ihr persönliches Arsenal an Reaktionsmöglichkeiten. Besonders hartnäckige Störenfriede lassen sich mitunter mithilfe der Gruppe isolieren. Dieser Schuss kann aber auch nach hinten losgehen – innerhalb von Hierarchien, bei Kunden oder anderen exponierten Zeitgenossen.

Umgang mit Störmanövern

- Blickkontakt aufnehmen zum Störer!
- Störer namentlich ansprechen!
- Beitrag an die Gruppe geben!
- Beitrag sichtbar notieren, später darauf eingehen!
- Bedanken und weiterreden!
- Gegenfrage stellen!
- Unsachliche Beiträge versachlichen!
- Pause einlegen und Vieraugengespräch mit Störer führen!

3.

Präsentieren

Präsentationsziele

Präsentieren leitet sich vom lateinischen Wort „*praesentare*“ ab, das heißt so viel wie „zeigen“ oder „gegenwärtig machen“.

Im Geschäftsleben ist präsentieren fast immer zu verstehen im Sinne von informieren und/oder überzeugen. Daraus leiten sich Anforderungen an den Verantwortlichen ab: Inhalte, Struktur und Ablauf müssen sich nach Zielen, der Zielgruppe und der Situation richten.

Definieren Sie Ihre Präsentationsziele vor jeder Durchführung auf's Neue! Prüfen Sie vorhandenes Präsentationsmaterial auf Stimmigkeit! Ein Ziel ist standardmäßig stets vorhanden: Sich selbst (gut) darstellen!

Präsentationsziele

Was heißt Präsentieren?

... nach Wörterbuch

- überreichen
- darbieten
- vorzeigen
- vorstellen
- vorlegen

... im Geschäftsleben auch

- informieren
- Einfluss nehmen
- überzeugen
- Entscheidung herbeiführen
- sich selbst darstellen

Dimensionen der Präsentation

Präsentationsarbeit erfordert mehrdimensionales Agieren. Sie ist deswegen so anspruchsvoll, weil keine dieser Dimensionen vernachlässigt werden darf.

Passende Inhalte und ein sauberer Aufbau stellen die Grundfeste jeder Präsentation dar. Ein passender Medien-Mix, gepaart mit professioneller Visualisierung, schafft positive Erinnerungswerte. Entscheidender Erfolgsfaktor ist die präsentierende Person: Äußere Erscheinung, Sprechtechnik und Redestil wirken beim Publikum ganz besonders intensiv.

Wer gut vortragen kann, muss noch lange kein Meister der Interaktion sein. Der Umgang mit Fragen und die Reaktion auf unvorhergesehene Ereignisse bilden die fünfte Dimension.

Dimensionen der Präsentation

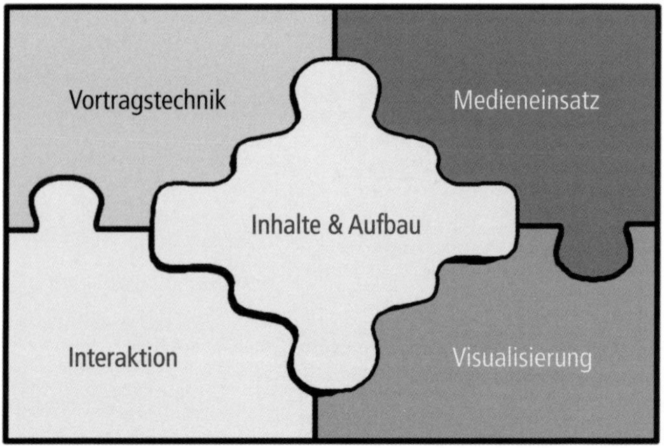

Vorbereitungsschritte im Überblick

Egal, ob Sie eine Präsentation ganz neu erarbeiten oder auf bestehende Teile zurückgreifen, gehen Sie in der unten dargestellten Schrittfolge vor. Wenn Thema und Anlass geklärt sind, heißt es, sich um Ziele sowie die Zielgruppe zu kümmern. Was Sie in dieser Phase zu wenig investieren, kann später in der Durchführung fatale Folgen haben!

Nachdem Inhalte, Aufbau und Ablauf festliegen, geht es um die mediale Umsetzung. Vernachlässigen Sie zum Schluss nicht die Aktivitäten zum Punkt „Rahmen organisieren".

Selbstverständlich sollten Sie nicht sklavisch an dieser Checkliste kleben. Iterationen zwischen den Schritten sind sinnvoll und erwünscht. Wichtig ist, nichts ungeprüft zu lassen.

Vorbereitungsschritte im Überblick

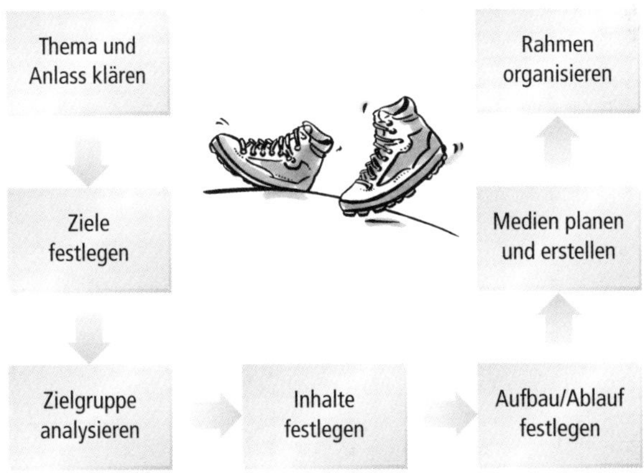

Thema und Anlass klären

Gehen Sie die unten stehende Frageliste durch. Wenn alles zu Ihrer Zufriedenheit beantwortet ist – prima! Sollten Sie Zweifel haben, haken Sie nach, bevor Sie mit der Arbeit fortfahren.

Gibt es eine Vorgeschichte? Etwa eine Präsentation der Konkurrenz, die Sie nicht kennen? Welcher konkrete Anlass liegt vor? Etwa ein Vorgesetzter, der sich vor dieser Aufgabe drückt? Sie sehen, hier liegen unter Umständen die ersten „Bömbchen" versteckt.

Haben Sie den Mut, einen Auftrag abzulehnen, wenn er Ihnen an dieser Stelle schon unseriös erscheint! Derjenige, der später in der Durchführung die Prügel einstecken muss, sind Sie!

Thema und Anlass klären

- Ist das Thema klar formuliert?
- Lässt es sich abgrenzen?
- Was muss/was kann ich ansprechen?
- Gibt es eine Vorgeschichte?
- Welcher konkrete Anlass liegt vor?

Ziele festlegen

Einige der Ziele, die Sie definieren, werden offiziellen Charakter haben, sind also für Auftraggeber oder Teilnehmer bestimmt, zum Beispiel dieses: „Ziel … soll es sein, die Anwesenden über Handlungsalternativen zu informieren und möglichst eine Entscheidung herbeizuführen.“

Vorteil vom Vorhandensein solch offizieller Ziele ist, dass Sie diese zu Beginn der Präsentation kommunizieren können und gute Argumente denjenigen gegenüber haben, die versuchen, eigene Ziele zu verfolgen: „Wie wir eingangs vereinbart haben, ist es nicht Ziel der Veranstaltung, …“

Andere Ziele werden Sie nicht kommunizieren. Besondere Selbstdarstellung im Hinblick auf die eigene Fachkompetenz ist ein Beispiel dafür.

Ziele festlegen

- Was will ich mindestens erreichen?
- Welche konkreten Ergebnisse wünsche ich mir?
- Will ich informieren/überzeugen/unterhalten?
- Ist besondere Selbstdarstellung nötig?
- Geht es um meine Fachkompetenz?
- Was sollen die Teilnehmer mitnehmen?

Zielgruppe analysieren

Vielleicht haben Sie das auch schon erlebt: Nach einer Präsentation kommt ein Teilnehmer auf Sie zu mit der Bemerkung: „Dem Meier hätten Sie größere Aufmerksamkeit schenken sollen, der hat doch einen guten Draht zum Vorstand!“

Je mehr Kenntnisse Sie also die über Teilnehmer haben, desto zielgerichteter können Sie vorgehen und das Risiko senken, die Erwartungshaltung Einzelner nicht zu treffen.

Problematisch sind heterogen zusammengesetzte Gruppen, bei denen die Erwartungen breit gestreut sind. Aber auch hierfür gibt es Abhilfe: Man kann bei solcher Vermutung eine knappe Erwartungsrunde in die Startphase integrieren und mit den Teilnehmern abklären, was realisierbar ist (und was nicht).

Zielgruppe analysieren

- Welche Kenntnisse haben die Teilnehmer?
- Welche Erwartungshaltung haben die Teilnehmer?
- Welche „Sprache" sprechen diese?
- Gibt es Meinungsmacher unter ihnen?
- Welcher Stil erscheint angemessen?
- Wie viel Zeit haben die Teilnehmer?
- Wie viele Personen nehmen teil?

Inhalte festlegen

Im Kapitel 2 „Vortragen“ finden Sie im Abschnitt „Vorbereitung“ die SAGE-Formel. Die beiden ersten Buchstaben stehen für Sammeln und Auswählen.

Für die Phase des Sammelns bieten sich geeignete Techniken an: Karteikärtchen in der Box, das Mind Mapping, Moderationskärtchen auf der Pinnwand – je nach persönlicher Arbeitsweise und Situation.

Beim Auswählen der für Ihr Thema relevanten Inhalte sollten Sie gedankliche Schleifen zu den definierten Zielen, der Zielgruppe sowie dem Nutzenaspekt für dieselbe drehen.

Inhalte festlegen

- inhaltlich einarbeiten
- Quellen identifizieren
- Material sammeln
- Material auswählen

Aufbau/Ablauf festlegen

Im Deutschunterricht haben wir es gelernt: Einleitung – Hauptteil – Schluss ist die Grundstruktur für den Aufsatz. Das hört sich, bezogen auf die Struktur einer Präsentation, ziemlich trivial an, aber etwas Besseres ist auch Gurus bis heute nicht eingefallen.

Der erste Eindruck zählt, der letzte bleibt. Der Einstieg muss so motivierend sein, dass jeder Teilnehmer für sich entscheidet, „dabei" zu bleiben. Im Hauptteil erwartet er einen überzeugenden Spannungsbogen, ein „starker" Schluss sorgt dafür, dass sich positive Erinnerungswerte festsetzen.

Gleichen Sie diese Anforderungen mit erlebten Szenen ab: Wie häufig geht es los mit einem „Ich freue mich, dass Sie so zahlreich erschienen sind, bla bla bla ..." und endet mit „Das war's". Noch Fragen?

Aufbau/Ablauf festlegen

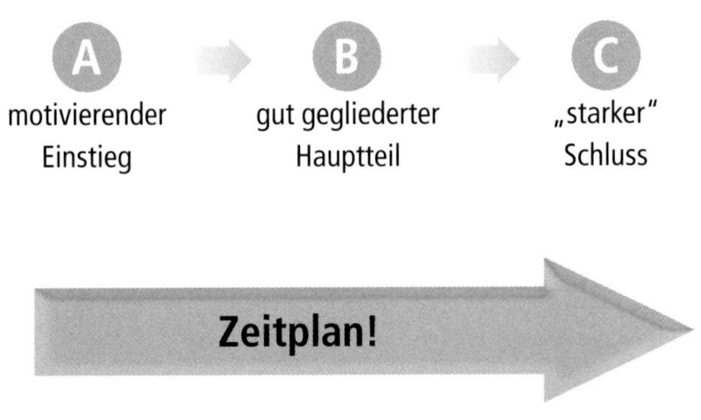

Medien planen und erstellen

Medien unterstützen den Vortrag des Präsentators. Sie sind Orientierung für das Publikum und zugleich eine Art „Anker“ für den Vortragenden. Nutzen Sie diesen doppelten Vorteil!

Eine Medienplanung hängt natürlich von der Infrastruktur Ihres Auftrittsortes ab. Wählen Sie, wenn möglich, einen Medien-Mix, bestehend aus einem Projektions- und einem Permanentmedium, also zum Beispiel Laptop mit Beamer und Flipchart.

Informationen wie eine Agenda, Veranstaltungsziele, Raum für offene Fragen und so weiter gehören für alle stets sichtbar an die Wand. Dafür ist ein Flipchart-Ständer mit reichlich Papier gut. Die Sachinhalte kommen via Laptop und Beamer.

Zu den Medien gehören weiterhin die Handouts für die Teilnehmer sowie der persönliche Stichwortzettel.

Medien planen und erstellen

Präsentationsmedien

- Folie und Overhead-Projektor
- PC und Beamer
- Pinnwand mit Packpapier
- Flipchart mit Papier

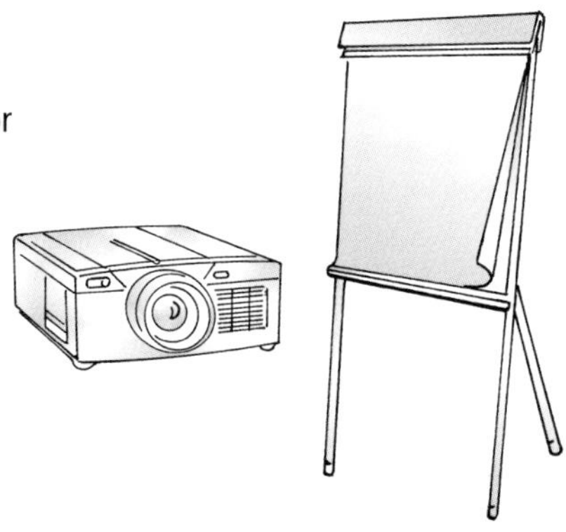

Handouts
persönliche Stichwortzettel

Rahmen organisieren

Legen Sie ein gesundes Misstrauen an den Tag, wenn Sie in fremder Umgebung auftreten müssen. Die Zusicherungen in puncto Technikausstattung, Medien und so weiter sind häufig nichts wert. Wer schließt Ihnen eine Stunde vor Beginn den Raum auf, wer kann helfen, wenn der Halogenfaden der Projektionsbirne gerissen ist?

Legen Sie sich vorher einen Notfallplan zurecht: Was kann schlimmstenfalls passieren und wie reagiere ich darauf?

Und: Achten Sie auf Einladungstexte! Wenn von „Sitzung“ die Rede ist, assoziiert der Eingeladene für sich eine eher konsumtive Rolle; sollen Teilnehmer aktiv mitgestalten, greifen Sie besser zur Vokabel „Workshop“.

Rahmen organisieren

- Ort und Datum
- Zeitrahmen und Pausen
- Raum und Sitzordnung
- Medien und Technik
- Agenda und Einladungen

Wozu Medien und Visualisierung?

Wie viel Schindluder wurde mit Präsentationsmedien nicht schon getrieben! Folienorgien mit kopierten Textpassagen und akribisch bis zur dritten Nachkommastelle aufbereiteten Tabellen mussten Generationen von Teilnehmern ertragen.

Medien sind nicht Selbstzweck, sie dienen der Unterstützung des Präsentationszieles. Die meisten Menschen sind visuell stark geprägt und schenken Bildern gerne ihre Aufmerksamkeit. Verständnis für komplizierte Tatbestände ist so eher zu erreichen, Missverständnisse lassen sich vermeiden („Hätten Sie das doch früher aufgemalt!").

Medien und Visualisierung bringen zusätzlich Orientierung und Unterstützung für den Vortragenden. Machen Sie sich diesen Effekt zunutze!

Wozu Medien und Visualisierung?

- erhöhte Aufmerksamkeit durch visuelle Wahrnehmung
- Ansprechen unterschiedlicher Wahrnehmungstypen
- Aktivierung beider Gehirnhälften
- Beschränkung auf das Wesentliche
- schnelleres und besseres Verständnis
- gleiche Interpretation aller
- „Ein Bild sagt mehr als tausend Worte!"

Behaltensquoten

Saßen Sie auch schon in einem Hörsaal? Dort finden Vorlesungen statt. Einer (der Professor) redet, viele andere lauschen und schreiben mit. Nach der Vorlesung hat sich in der Regel kein Mehrwert eingestellt. Dieser resultiert erst aus der nachfolgenden Aufarbeitung der Notizen, vorzugsweise zusammen mit Kommilitonen.

Zwingen Sie Ihre Teilnehmer nicht, an Vorlesungen teilzunehmen. Sie behalten wenig (außer einem negativen Eindruck), obendrein laufen Sie Gefahr, dass Ihnen Aggressivität entgegenschlägt. Nutzen Sie die Erkenntnisse der NLP-Forschung und bieten Sie Ihrem Publikum die Nutzung mehrerer Wahrnehmungskanäle an.

Was würden Sie sagen, wenn beim Eröffnungsempfang einer Weinhandlung nur Folien gezeigt und Preislisten verteilt würden?

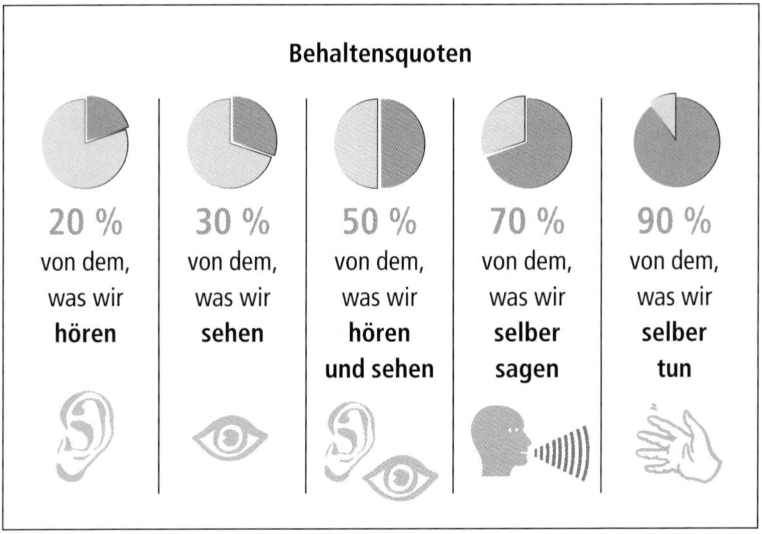

Flipchart

In jeder Präsentation gibt es Informationen, die für ein Permanentmedium wie das Flipchart bestens geeignet sind: Der Willkommensgruß, die Agenda, die Ziele, die To-do-Liste und anderes mehr. Auch wenn Sie eher Event-Präsentationen mit Hightech-Einsatz bevorzugen – verzichten Sie nicht auf dieses Medium.

Flipcharts lassen sich in Ruhe vorab erstellen und können echte Hingucker sein. Für eine simultane Visualisierung sind sie unerlässlich. Eine gewisse Schreibdisziplin müssen Sie sich dazu antrainieren – des Weiteren ist es nicht so einfach, während des Schreibens den Mund zu halten!

Hier noch ein kleiner Trick: Sie können zu Ihrer Unterstützung für das Publikum unsichtbare Notizen mit Bleistift an die entsprechenden Stellen schreiben!

Flipchart

- einfache Handhabung
- Darstellungen können vorbereitet oder simultan visualisiert werden
- leicht aktualisierbar, da blättern möglich
- mehrere Flips gleichzeitig möglich
- Bleistiftnotizen am Rand für Publikum nicht erkennbar

- Schreibdisziplin erforderlich
- aufwendige Vervielfältigung
- geeignet für Gruppen bis 20 Personen

Pinnwand

Komplexe Zusammenhänge und Bilder, welche während der ganzen Präsentation sichtbar bleiben sollen, sind ideale Kandidaten für die Pinnwand. Details können dann mittels Folien bzw. Beamer ergänzend visualisiert werden.

Pinnwände können Sie zu weit mehr einsetzen als dem Anbringen von Moderationskärtchen. Da das Papier, mit dem die Wände bespannt werden, keine Hilfslinien bietet, greifen Sie bei Bedarf auch hier zu einem kleinen Trick: Falten Sie das Blatt in der Mitte, die entstehende Hälfte noch einmal und wiederholen Sie den Vorgang so lange, bis Sie genügend geknickte Linien auf dem Bogen haben.

Sollten Sie kein Packpapier zur Verfügung haben – ein paar Bögen Flipchart-Papier tun es auch.

Pinnwand

- leichtes Sammeln und Strukturieren
- Darstellungen können simultan visualisiert oder vorbereitet werden
- schnelles Ergänzen oder Abändern möglich
- Teilnehmer werden aktiviert

- Schreibdisziplin erforderlich
- aufwendige Vervielfältigung
- für Gruppen bis 20 Personen

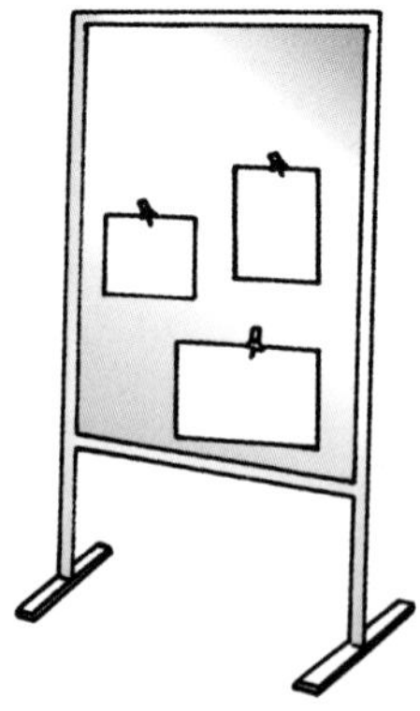

Overhead-Projektion

Die gute alte Folie ist noch nicht ausgestorben und bleibt hoffentlich aus Gründen der Praktikabilität am Leben, auch wenn Generationen von Präsentatoren ihre Teilnehmer mit diesem Medium an den Rand der Verzweiflung gebracht haben. Abgesehen von den Gestaltungsrichtlinien (siehe Kapitel 4 „Visualisieren“) gibt es Regeln im Umgang mit Folien.

Folien müssen, wie PC-Bilder, aktuell sein und einen unversehrten Zustand aufweisen. Unsortierte Folienordner signalisieren mangelnden Respekt vor dem Publikum. Erschlagen Sie Ihr Publikum nicht mit Ihren Foliensammlungen – sorgfältige Selektion in der Vorbereitungsphase ist ein Muss!

Eine Folie, zu der Sie nichts sagen können (oder wollen), gehört nicht an die Wand. Und: Was an der Wand erscheint, sollten Sie nicht ablesen. Die Folie ist Stichwortgeber.

Overhead-Projektion

- Erstellung und Transport problemlos
- Folien sind kopierfähig
- für große Gruppen geeignet
- als Standardausstattung vorhanden

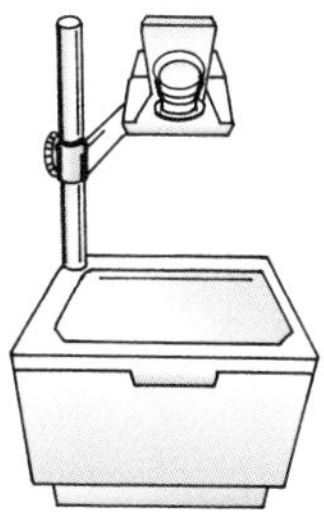

- Informationen nur temporär sichtbar
- Helligkeit, Lüftergeräusch und Wärme können ermüdend wirken
- anfällige Technik (Birne, Schärfe)
- großer Folienvorrat kann als „Drohgebärde“ wirken

PC-Projektion

„Präsentation goes Multimedia“: Alles kann Element einer Präsentation werden, was gut ankommt, wenn es gut gemacht und wohldosiert eingesetzt wird. Gefährlich für Sie wird es, wenn das Medium so viel Eigendynamik bekommt, dass Sie als Präsentator zu sehr in den Hintergrund des Geschehens treten. Auch Hightech dient hier nur der Unterstützung und darf Ihre Rolle nicht beeinträchtigen.

In vielen Firmen ist das Medium heute Standard. Bisweilen soll sein Einsatz Kompetenz suggerieren. Vernachlässigen Sie bei aller Technikbegeisterung trotzdem nicht die guten alten Permanentmedien. Wer den Beamer zur rechten Zeit ausschaltet und die Aufmerksamkeit auf ein Flipchart lenkt, animiert seine Teilnehmer bisweilen mehr, als wenn er sie weiter Powerpoint-Bilder konsumieren lässt.

PC-Projektion

- Animationen und Multimedia-Effekte möglich
- flexibles Einbinden externer Daten
- Folien leicht aktualisierbar
- Technik suggeriert Kompetenz
- einfacher Transport (Laptop)

- aufwendige, anfällige Technik
- Aufmerksamkeit lässt schnell nach
- Informationen nur temporär sichtbar
- Medium dominiert die Präsentation

Multimedia-Risiken

Die Situation haben Sie bestimmt schon durchlitten: Sie sitzen als Teilnehmer einer Präsentation im abgedunkelten Raum, der Vortragende ist nur schemenhaft zu erkennen, die Luft ist alles andere als angenehm, das Lüftergeräusch des Beamers deutlich vernehmbar, viel Animation und ein schneller Bildwechsel müssen verdaut werden: Das Medium dominiert die Präsentation.

Wer sarkastisch ist, würde nach solch durchlittener Pein wohl empfehlen, die Präsentation auf DVD zu brennen, an die Teilnehmer zu verteilen und auf die Veranstaltung selbst zu verzichten!

Lassen Sie sich nicht das Präsentatoren-Zepter aus der Hand nehmen! Sorgen Sie durch geeignete Maßnahmen dafür, dass Sie als Person der Mittelpunkt der Veranstaltung sind.

Multimedia-Risiken

- Vortragender nicht sichtbar
- abgedunkelter Raum
- Lüftergeräusch
- schlechte Luft
- häufiger Bildwechsel
- zu viel Multimediales

Das Medium dominiert die Präsentation!

Elemente der Event-Präsentation

Der Begriff „Event-Präsentation" vereint die Elemente der klassischen Präsentation mit den Möglichkeiten des Entertainments, was, wenn wir mal ganz ehrlich sind, als Idee so neu gar nicht ist: Ziel von Präsentationen war immer schon, möglichst interessant, stimulierend, humorvoll, kurzweilig das an den Mann bzw. die Frau zu bringen, was man inhaltlich als Anliegen hatte.

Wenn Sie noch nicht so recht wissen, was beim Publikum ankommt, so schlüpfen Sie in die Rolle eines Teilnehmers und beantworten für sich die Frage: Was möchte ich erleben, was macht mir Spaß – und was auf keinen Fall?

Elemente der Event-Präsentation

Event-Präsentation lebt von ...

- der optimalen Informationsmenge
- einem passenden Medien-Mix
- einem lockeren und souveränen Auftritt
- permanentem Kontakt zu den Teilnehmern
- gutem Zeit- und Pausenmanagement
- angenehmer Umgebung

Die Inszenierung

Im Film und auf der Bühne sind die Schlüsselfunktionen klar verteilt: Das Drehbuch stammt aus der Feder eines Autors, für die Umsetzung ist der Regisseur verantwortlich, das „Set" bzw. die Bühne bereiten viele fleißige Helfer vor.

In der unternehmerischen Präsentationssituation sind Sie Drehbuchautor, Regisseur und Bühnentechniker in einer Person. Das kann den Vorteil haben, dass Sie Ihre Vorstellungen ungestört realisieren können; ab einer bestimmten Komplexität werden Sie aber Hilfe anderer benötigen.

Machen Sie sich die Anforderungen dieser Rollen klar, wenn Sie eine Event-Präsentation zelebrieren möchten. Schließlich sollen die Teilnehmer um ein positives Erlebnis reicher nach Hause gehen!

Die Inszenierung

Das Drehbuch	Die Regie	Die Bühne
Inhalte	Erscheinung	Medien-Mix
Aufbau	Auftritt	Visualisierung
fesselnder Auftakt	Interaktion	Gestaltung
Spannungsbogen	Kontrolle	Technik
starker Schluss	Zeit	Unterstützung

10 Gebote für positive Erinnerungswerte

Martin Luther hat seine Gebote an das Kirchenportal genagelt – Sie behelfen sich am besten mit einer Wandfläche, auf welche ein Bogen Flipchart-Papier mit den Präsentationsgeboten passt.

Erfahrungsgemäß punkten Sie bei Berücksichtigung der unten dargestellten Gebote sehr hoch – Sie liefern eine gute Event-Präsentation ab! Positive Erinnerungswerte bei den Teilnehmern sind gut für diese und gut für Sie.

Legen Sie hin und wieder den Maßstab „10 Gebote“ an selbst erlebte Präsentationen an: Was tun Menschen nicht alles, um anderen den Spaß an der Veranstaltung gründlich zu verderben!

10 Gebote für positive Erinnerungswerte

1. Bereite Dich gut vor!
2. Stelle Dich auf Deine Zielgruppe ein!
3. Sorge für einen passenden Medien-Mix!
4. Kontrolliere Dein Auftreten!
5. Rede verständlich und anschaulich!
6. Weniger an Information ist meist mehr!
7. Abstraktion geht vor Detaillierung!
8. Zeige den Teilnehmern Nutzen auf!
9. Sorge stets für Kontakt zu Deinen Teilnehmern!
10. Denke an die Physiologie Deiner Teilnehmer!

4.

Visualisieren

Arbeitsteilung im Gehirn

Visualisieren ist eine Kunst, die man erlernen kann. Sie wird gebraucht, um beim Betrachter die rechte Gehirnhälfte zu adressieren. Hier werden Bilder, Farben, Formen, Emotionen erfasst und verarbeitet. Die meisten Menschen sind „rechtslastig“ in ihrer „Denke“ und damit visuell orientiert.

Das Grundprinzip besteht in der Einhaltung der KISS-Regel: *Keep it short & simple!* Es kann einem grauen vor jenen Präsentatoren, die nicht verstanden haben, dass Tabellenmonster in der Regel nicht für die Wand geeignet sind. Haben Sie das auch schon erlebt: „Ich weiß, dass Sie die Zahlen nicht lesen können, ich lege die Folie trotzdem mal auf. Und hier, nein hier, also, äh, es sind ungefähr 5,145 Millionen …“

Natürlich ist es richtig und wichtig, beide Gehirnhälften wechselseitig zu aktivieren. Aber bitte in geeigneter Weise!

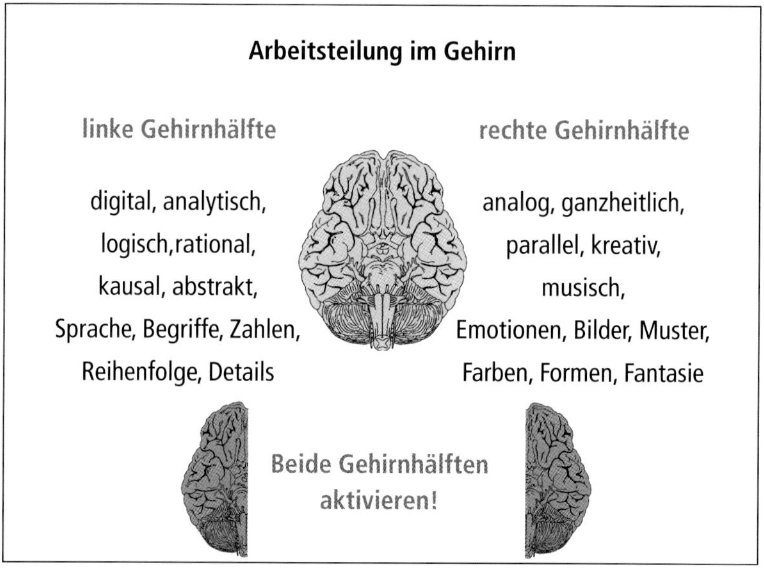

Nah- und Fernmedien

Sie kennen doch auch die überdimensionalen Werbetafeln an den Straßen. Hier werden Botschaften präsentiert, die schnell erfassbar sein müssen, sonst schenkt der Betrachter den Tafeln keine Aufmerksamkeit.

Ein projiziertes Bild in der Präsentation gehorcht ebenso den Regeln des Fernmediums. Der Betrachter sucht zuerst einen Fixpunkt, dem er seine Aufmerksamkeit widmen kann. Erscheint ihm dieser interessant genug, so ist er bereit, sich mit weiteren Elementen der Darstellung zu befassen. Dieser Fixpunkt kann ein zentrales Bild, eine Überschrift oder ein Kurvenverlauf sein.

Zwingen Sie Ihre Präsentationsteilnehmer nicht dazu, gemeinsam mit Ihnen Nahmedien abzuarbeiten! Seien Sie daher auch sparsam mit der Projektion von Bildschirmdarstellungen!

Nah- und Fernmedien

Nahmedien

z. B. Buchseite
z. B. Blatt
z. B. Bildschirm

↓

werden vom Betrachter eher sequenziell abgearbeitet.

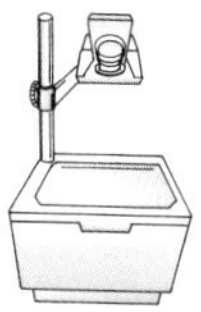

Fernmedien

z. B. Plakat
z. B. Folie
z. B. Online-Projektion

↓

sollten dem Betrachter einen Aufmerksamkeitspunkt bieten.

Foliendesign – die häufigsten Fehler

Sehen Sie Ihre Folien bzw. Powerpoint-Darstellungen kritisch hinsichtlich der unten aufgeführten Fehler durch. Dies ist eine qualitätssichernde Maßnahme, welche Ihnen mehr Aufmerksamkeit der Teilnehmer einbringt.

Fehler im Foliendesign bekunden mangelnden Respekt vor den Teilnehmern. Und wenn dann der Auftakt lautet „Ich weiß, dass Sie es nicht lesen können, ich lege die Folie trotzdem mal auf“, wird es Kabarett-verdächtig.

Bei der Beantwortung der Frage, wie viele Folien angemessen sind, hilft Ihnen folgendes Näherungsverfahren: Eine durchschnittliche Folie benötigt eine „Standzeit“ von drei Minuten. Multipliziert mit der Anzahl an Folien, ergibt das den ungefähren (Minimum-)Zeitbedarf. Oder anders herum: Wenn Ihnen eine Stunde zur Verfügung steht, sind 20 Folien die Obergrenze.

Foliendesign – die häufigsten Fehler

- zu viele Folien
- Folien zu überfrachtet
- zu kleine Schrift
- ausformulierte Sätze
- fehlende Steuerung der Aufmerksamkeit
- keine Grafiken
- zu viele Animationen und Spielereien

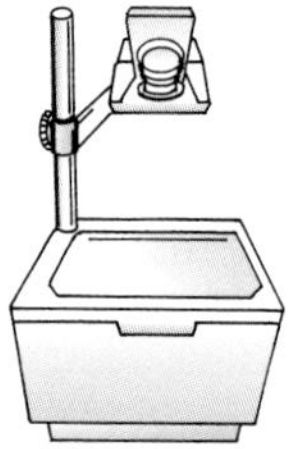

Gestaltungsobjekte

Zur Gestaltung von Folien stehen vier Objektgruppen zur Verfügung: der Aufbau, also die Anordnung der verwendeten Objekte, die Schrift, womit visualisierte Texte kreiert werden, Grafiken jedweder Art sowie der Einsatz von Farbe für Texte, Grafikobjekte und Hintergründe.

In der Regel werden Sie es bei der Gestaltung von Folien mit allen vier Objektgruppen zu tun haben. Richten Sie sich nach den nachfolgend empfohlenen handwerklichen Tipps, Sie sind damit auf einem guten Weg: Sie schaffen gefälligere Vorlagen als der Durchschnitt der präsentierenden Menschheit!

Jeder kann sich wahrscheinlich – zur Abschreckung – an erlebte Folienorgien erinnern, wo nichts, aber auch gar nichts von dem zu sehen war, was hier empfohlen wird.

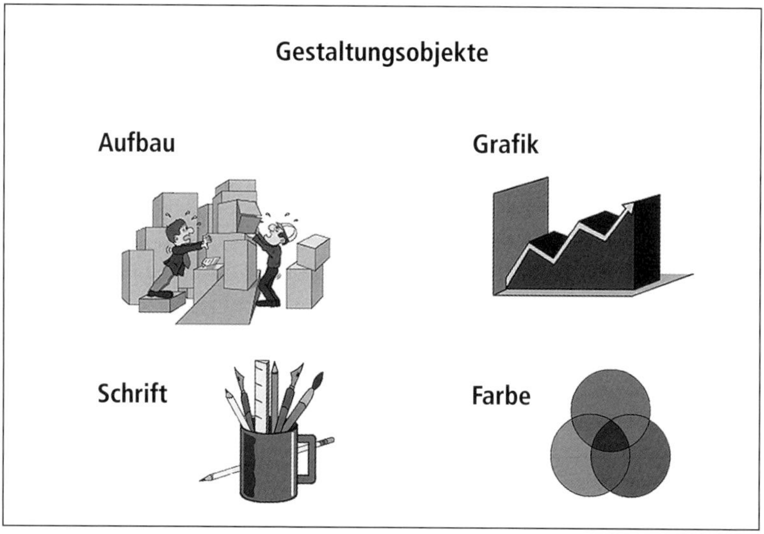

Folienaufbau

Wie vorab schon erwähnt, handelt es sich bei der Folie um ein Fernmedium. Wir benötigen also einen Fixpunkt für die Aufmerksamkeit. Nun gibt es aus der Erfahrung eine Anzahl von so genannten „natürlichen Aufmerksamkeitspunkten", die vor den übrigen Informationen der Folie erfasst und interpretiert werden.

Punkt Nummer eins sind Darstellungen von oder mit Menschen. Die Darstellung eines fröhlichen Menschen ist per se für den Betrachter eine Botschaft, dazu benötigt er erst einmal keinen Text. Die weiteren Aufmerksamkeitspunkte sind in ihrer Reihenfolge der Wahrnehmung in der Abbildung unten aufgeführt.

Bieten Sie dem Auge des Betrachters auch Freiflächen, quasi Ruhezonen im Getümmel der Informationen, an.

Folienaufbau

- pro Thema eine Folie
- ausgewogenes Verhältnis von Text, Bild und Freifläche
- auf jede Folie eine Überschrift
- Leserichtung beachten
- natürliche Reihenfolge der Aufmerksamkeitspunkte beachten*
- Reihenfolge signalisiert Bedeutung
- Strichstärke und Farbe signalisieren Wichtigkeit

* Mensch, Tier, Ding, Farbe, Form, Text

Gestaltungsanforderungen an visualisierte Texte

Ausformulierte Sätze haben an der Wand nichts verloren! (Ausnahmen bestätigen auch diese Regel.) Stellen Sie die Inhalte knapp und einfach dar, die Ausformulierung ist Ihre Aufgabe während der Präsentation. Wenn von der Wand abgelesen wird, wirkt das inkompetent bzw. unvorbereitet.

Als maximale Anzahl der zu visualisierenden inhaltlichen Punkte hält sich in der Literatur hartnäckig die Zahl sieben. Man sollte daraus aber kein Gesetz machen, wenn man doch einmal acht oder neun Punkte auf einer Folie unterbringen möchte.

Stichwortartige, einfache Formulierungen ohne Satzzeichen am Ende kann der Betrachter am schnellsten erfassen.

Gestaltungsanforderungen an visualisierte Texte

- nur wichtige und wesentliche Kernaussagen
- einfache Formulierungen wählen
- maximal 7–9 Inhaltspunkte pro Visualisierung
- genügend Abstand zwischen den Zeilen
- stichwortartige Aufzählung genügt
- Satzzeichen am Ende nicht nötig

Kleine Schriftenkunde

Mit dem Aufkommen der Internetseiten wurde schnell klar, was Schrift-Ergonomie ausmacht: Viel zu kleine Schrift, Serifen-Typ (mit den Häkchen an den Längs- und Querstrichen, was dem Auge Leselinien vorgaukelt), ungeeignete Farben auf kontrastarmem Hintergrund – all das ist Augenpulver und tunlichst nicht zu verwenden.

Was schon beim Betrachten eines Nahmediums wie dem Bildschirm „nervt", das kommt erst recht bei der Betrachtung eines Fernmediums wie der Folie nicht gut an.

Was Teilnehmern in Präsentationen immer wieder zugemutet wird, ist die Wahl einer unzureichenden Schriftgröße. Auch die Teilnehmer in der letzten Reihe müssen alles Dargestellte lesen können! Die minimale Schriftgröße beträgt 16 pt – besser 20 pt. Wenn Sie diesen Hinweis befolgen, optimieren Sie automatisch die Quantität an Darstellung.

Kleine Schriftenkunde

- Serifenlose Schrift ist geeignet (z. B. Arial).
- Mit Proportionalschrift stimmen die Abstände.
- Das Auge mag normale Groß- und Kleinschreibung.
- Dunkle Farben sind besser lesbar als helle.
- Eine Schriftfamilie – zwei Schriftgrößen einsetzen.
- Hervorhebungen sparsam einsetzen.
- Auf Lesbarkeit achten (min. 20 Punkt für Projektion).

Grafik

Auch wenn das Grafikangebot heutzutage so verlockend ist – tun Sie nicht zu viel des Guten! Auch hier kann beim Betrachter schnell der Zustand der Überreizung eintreten.

Haben Sie den Mut zur Abstraktion! Dies ist kein Zeichen von Unseriosität und wird der Erfahrung nach stets dankbar aufgenommen. Fragen nach Details können Sie im Bedarfsfalle gezielt beantworten.

Wenn Sie mit Bildern (Fotos oder Cliparts) arbeiten, dann müssen Sie darauf achten, dass Wort- und Bildinformation zueinander passen. Verwenden Sie einfache Grafikelemente, wenn partout keine Bilder zur Verfügung stehen. Auch dadurch lassen sich Textfolien gut auflockern.

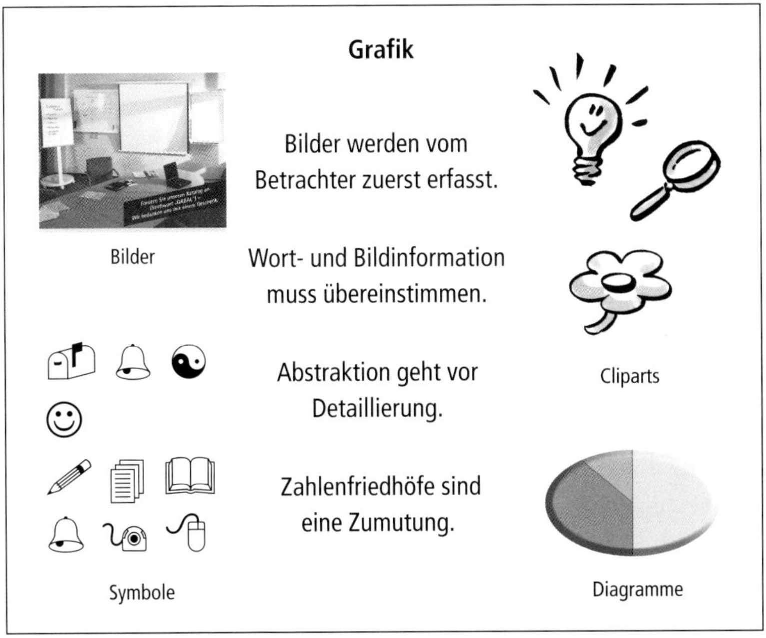

Diagramme

Für den Einsatz von Geschäftsgrafik gilt wieder die KISS-Regel: *Keep it short & simple!* Seien Sie nicht zu detailverliebt! Wiederkehrende episch breite Säulendiagramme mit Mini-Beschriftung machen – je nach Teilnehmertyp – auf Dauer entweder aggressiv oder führen zur Bildung von Debattierzirkeln.

Die Fans von Diagrammen können aus einem riesigen Fundus von unterschiedlichen Typen auswählen – alles von der Software generierbar. Mit den zweidimensionalen hat das Betrachter-Auge keine Probleme. Wenn Sie die dritte Dimension bei der Gestaltung bemühen, sollten Sie allerdings bedenken, dass der Betrachter wesentlich mehr visuell „verdauen“ muss! Gehen Sie sparsam mit solchen Darstellungen um.

Diagramme

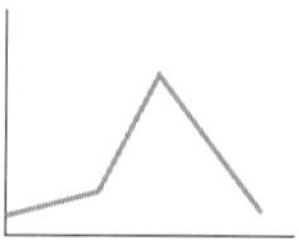	**Kurven**	Aufzeigen von Entwicklungsverläufen und Trends
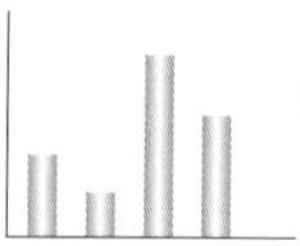	**Säulen**	Darstellung von Größenverhältnissen und Zahlenvergleichen
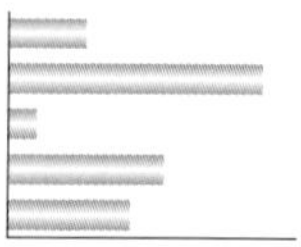	**Balken**	wie Säulen, nur horizontal, zur Gegenüberstellung verschiedener Zeitreihen
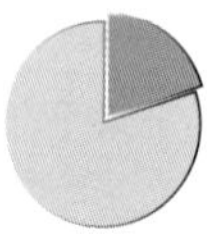	**Kreis/Torte**	Gesamtüberblick oder Verhältnis eines Teils zum Ganzen

Farbe

Wir sprechen hier nicht über fertige Fotos, Bilder oder Ähnliches; deren Farben bleiben unverändert. Gemeint ist die Verwendung von Farbe in Texten sowie Grafiken.

Berücksichtigen Sie bekannte Farbassoziationen. Die grundlegende Farbsymbolik weist der Farbe Rot Begriffe wie Blut, Liebe, Leben zu; Grün steht für Natur, Wachstum, Hoffnung.

Respektieren Sie definierte Farbcodes in der Geschäftswelt: Die „roten“ und die „schwarzen“ Zahlen, der magentafarbene Telekommunikationskonzern, der rote Hersteller von Erfrischungsgetränken und so weiter.

Farbe

- wichtige Informationen farblich hervorheben
- einheitliche Farben in allen Folien
- Farbassoziationen berücksichtigen
- Komplementärfarben vermeiden, z. B. Grün/Rot
- kräftige Farben für Schrift
- Pastellfarben für Objekte
- sparsamer Umgang mit Farben

Symbolik von Signalfarben

Die Farbdeutung ist sicher eine spannende Disziplin – für Ihre eigene Foliengestaltung sollte der Maßstab gelten, dass „erlaubt ist, was gefällt" – natürlich unter Berücksichtigung des auf der vorigen Seite Erwähnten.

Viele Firmen haben sich Signalfarben für ihre *Corporate Identity* zugelegt. Die Farben für Hintergrund, Überschriften, Logos und so weiter sind definiert und müssen eingehalten werden, was den Wiedererkennungswert von Visualisierungen erhöht.

Symbolik von Signalfarben

Orange	heiter, strahlend, leuchtend, reizend, belebend, vergnügt
Gelb	aufhellend, frisch, leicht, anregend, offen, beweglich
Grün	still, gelassen, bleibend, mild, natürlich, positiv, entspannt
Blau	fern, ernst, langsam, starr, kühl, ordentlich, seriös
Rot	leidenschaftlich, aktiv, brennend, heftig, energisch, kraftvoll
Violett	extravagant, unsachlich, zweideutig, dekadent, mächtig
Weiß	rein, klar, kalt, leblos, leer, einfach, bescheiden
Grau	theoretisch, unfreundlich, mittelmäßig, alt, langweilig
Schwarz	schwer, hart, eng, traurig, geistlich, mysteriös, mächtig

Farbverläufe

Farbverläufe machen sich gut, achten Sie nur darauf, dass das Spektrum nicht zu breit ausfällt. Es empfiehlt sich, den Hell-Dunkel-Wechsel von oben nach unten verlaufen zu lassen. Im umgekehrten Fall kann der dunkle Bereich wie eine drohende Wolke über dem Folieninhalt wirken.

Viele *Corporate-Identity*-Vorlagen arbeiten mit Farbverläufen. Wenn Ihnen eine begegnet, so führen Sie doch einfach eine Qualitätskontrolle durch!

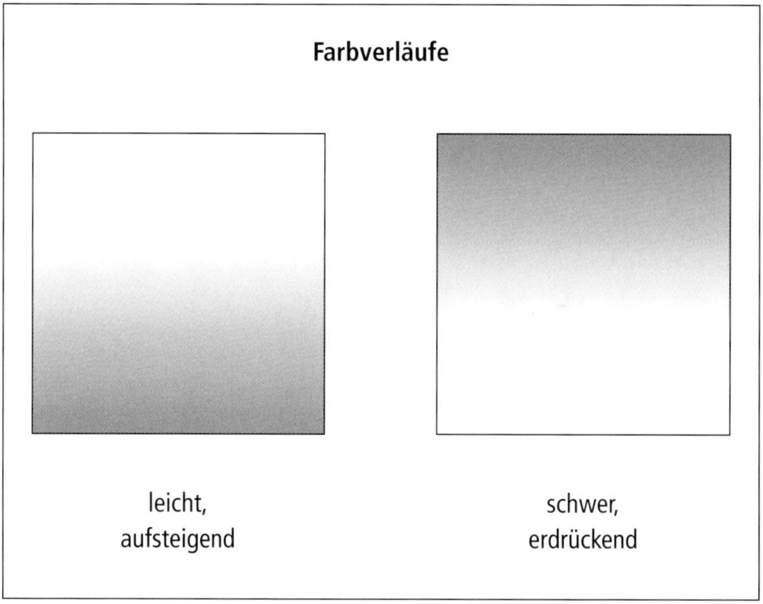

Farbhintergrund

Das folgende Beispiel soll zeigen, wie man nicht mit dem Thema Farbhintergrund umgehen sollte: In einem großen Konzern hatten ab einem bestimmten Zeitpunkt sämtliche offizielle Foliensätze einen dunkelblauen Hintergrund, ob das nun gut aussah und zu den Lichtverhältnissen passte oder nicht. Die Erklärung dafür klang recht zufällig: Der neue Assistent des Geschäftsführers fand den Blauton toll.

Stellen Sie, wenn möglich, zwei Präsentationssätze gleichen Inhalts her. Einen mit hellem, den anderen mit eingefärbtem Hintergrund. So können Sie sich optimal auf die Lichtverhältnisse im Präsentationsraum einstellen.

Versuchen Sie nicht, die Physik auszuhebeln: Helle Schrift verlangt dunklen Hintergrund, auch wenn es am Bildschirm noch nicht so aussieht!

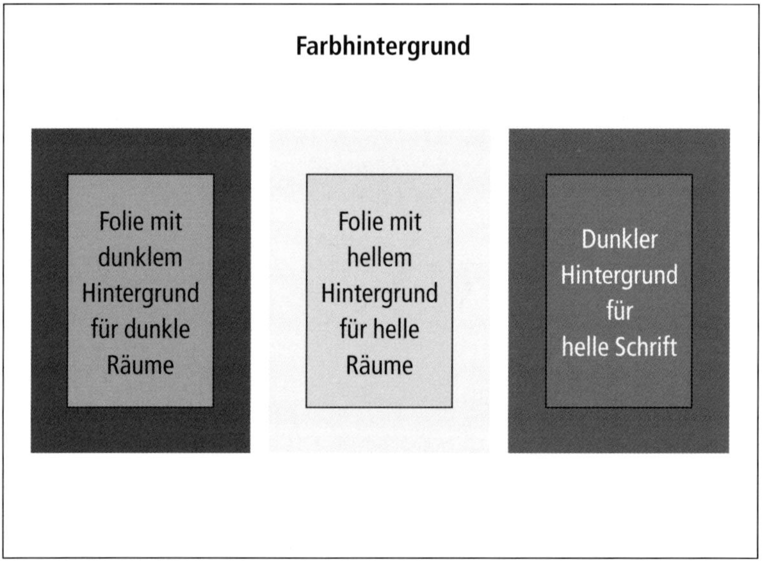

Multimedia-Effekte

Schön, dass es sie gibt, all die Möglichkeiten zur Animation, Interaktion und der Integration von multimedialen Elementen. Doch Vorsicht! Sparsame Verwendung sichert Ihnen die Aufmerksamkeit des Publikums.

„Übergänge" meint die Auswahlmöglichkeit für die Erscheinungsform des Bildes. „Animation" steuert die Erscheinungsform von Objekten. „Interaktion" lässt Eingriffe in den ansonsten sequenziellen Bildablauf zu. „Multimedia" integriert Film und Ton unterschiedlicher Formate in die Präsentation.

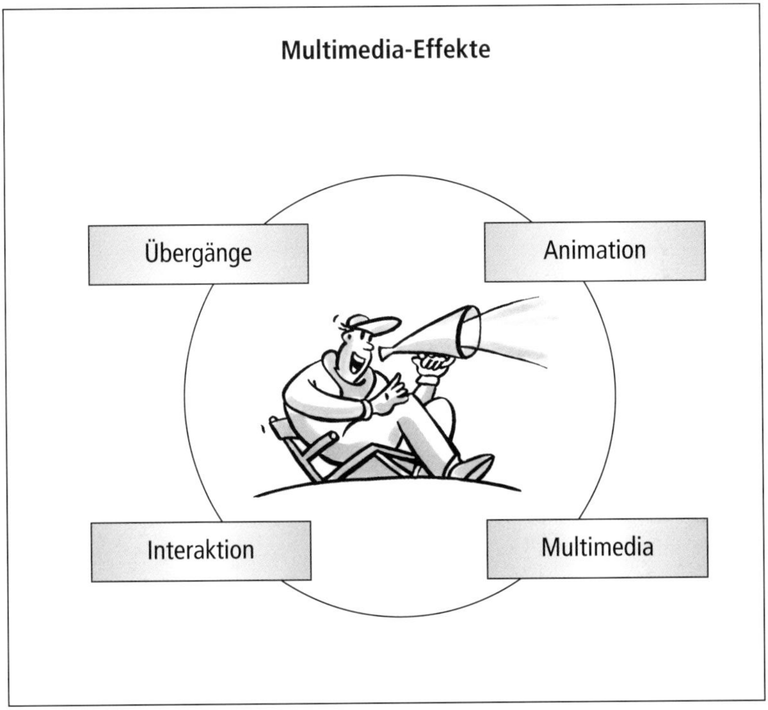

Empfehlungen

Testen Sie Ihre Objekte, bevor Sie in die Betriebsöffentlichkeit gehen! Ein nicht funktionierender Link zwingt zum Ausstieg aus der Bildershow, und die Teilnehmer nutzen die Zeit auf ihre Weise. Integrierte Videos verlangen ein Mindestmaß an Technik – und die müssen Sie beherrschen! Rechnen Sie auch mit „Murphy und seinen Gesetzen“! Wohl dem, der dann noch eine abgespeckte Version klassischer Folien aus dem Koffer zaubern kann!

Ganz allgemein gilt: Je mehr Multimedia-Effekte den Teilnehmern vorgesetzt werden, desto schneller verliert das an Reiz. Beantworten Sie für sich immer wieder die Frage: Bringt es ein Mehr an Qualität in die Präsentation oder ist mal wieder der Spieltrieb mit mir durchgegangen?

	Empfehlungen
Übergänge	wenige Varianten, Standard „Erscheinen“
Animation	sparsam einsetzen, bei Texten blockweise
Interaktion	strukturieren in Präsentationsblöcke, verbinden durch Hyperlinks
Multimedia	Voraussetzung gute Technik, sparsam einsetzen

Visualisierungsregeln für Plakate

Als Plakat wird hier alles bezeichnet, was auf den Medien „Flipchart“ sowie „Pinnwand“ visualisiert wird. Hier gilt einiges von dem, was für die Gestaltung von Folien vorgeschlagen wird.

Ansprechende Plakate lassen sich – so die Zeit vorhanden ist – in Ruhe vorbereiten. Ein kleiner Teil ist Talent, der weitaus größere Handwerkszeug. Gerade wenn das Produkt mehrfach Verwendung finden soll, lohnt sich der Zeitaufwand für die Erstellung.

Notwendig sind auch hier Überschrift, Freiflächen sowie die optimale Verwendung von Farben.

Visualisierungsregeln für Plakate

- ein einziger Sinnzusammenhang pro Plakat
- jedes Plakat hat eine Überschrift
- Leserichtung beachten (links nach rechts, oben nach unten)
- Zusammengehöriges in optische Blöcke packen
- Wichtiges **OPTISCH** hervorheben
- Freiflächen einplanen
- Farben benutzen (max. 3–4)

Tipps für eine leserliche Handschrift

Ohne gute Filzschreiber sowie die richtige Schreibtechnik geht nichts. Eine zusätzliche Schwierigkeit bei Pinnwand-Papier besteht darin, dass keine Orientierungslinien vorhanden sind. Hier hilft ein kleiner Trick: Knicken Sie das Blatt horizontal in der Mitte, dann wieder in der neuen Mitte und das so oft, wie Sie es benötigen. Es entstehen Knicklinien.

Wenn Sie vor Publikum visualisieren, also beispielsweise auf Flipchart-Papier schreiben, dann überwinden Sie Ihren inneren Schweinehund, der Ihnen immer wieder zuflüstert, sich zu beeilen und während des Schreibens weiterzusprechen. „Schweinische" Produkte entstehen und machen später allen Beteiligten die Verwendung schwer.

Die Erfahrung zeigt, dass Menschen, die gekonnt vor Publikum handschriftlich visualisieren können, sich schon dadurch großer Hochachtung erfreuen.

Tipps für eine leserliche Handschrift

- Druckschrift verwenden statt Schleifen und Schnörkel
- Groß- und Kleinbuchstaben
- eng aneinanderschreiben, statt auseinandergezogen
- kurze Ober- und Unterlängen, statt vertikal gedehnt
- zwei Schriftgrößen: 5 cm für Überschriften, 3 cm Normalschrift
- dunkle Farben (Blau, Schwarz) zum Schreiben, helle (Rot, Grün) zum Zeichnen
- mit der Stiftkante schreiben statt mit der Spitze
- 45°-Haltung des Stiftes

5.

Argumentieren

Wirkung von Argumenten

Hören Sie mal aufmerksam hin, wenn im Bundestag debattiert wird, und achten Sie dabei nicht so sehr auf die Inhalte, vielmehr auf die verzweifelten Versuche, die gegnerische Fraktion zu überzeugen. „Das ist nun einmal Tatsache." „Eine andere Lösung gibt es nicht." – hier handelt es sich um deduktive Argumentation, bei der die Schlussfolgerung vor der Begründung kommt (wenn dann überhaupt eine solche folgt).

Eine plausible Begründung muss den Gesprächspartner vor der Schlussfolgerung erreichen. Aus Untersuchungen sowie eigenen Erfahrungen können Sie die Wirkung Ihrer Begründungen abschätzen. Der persönliche Nutzen führt die Hitliste an, der Gebetsmühlen-Ansatz verspricht den geringsten Erfolg.

Wirkung von Argumenten

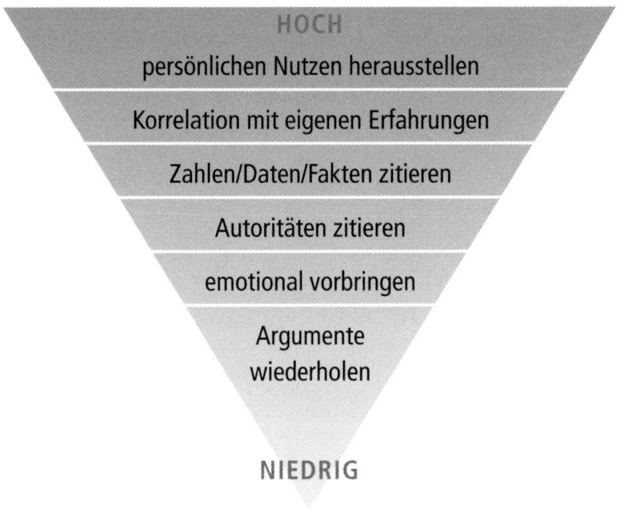

Argumentationstechniken

Geschickte und zielführende Gesprächsführung ist oft schon der halbe Argumentationserfolg: Vermitteln Sie Ihrem Partner gegenüber Wertschätzung („spiegeln“); fungieren Sie als Dienstleister, der die Techniken des Strukturierens und der Teilergebnissicherung beherrscht; bleiben Sie stets verbindlich, indem Sie „Ich-Botschaften“ aussenden.

Die Strategie, dem Partner einen Nutzen aufzeigen zu wollen, schlägt sich in diversen Argumentationsformeln nieder (siehe AIDA).

Sie können versuchen, den anderen sanft in die Pflicht zu nehmen – beispielweise durch eine Suggestivfrage oder dadurch, dass Sie herausstellen, dass es ja einen kleinsten gemeinsamen Nenner in der Auseinandersetzung gibt.

Argumentationstechniken

Spiegeln	◆ aktiv zuhören ◆ paraphrasieren
Strukturieren	◆ zusammenfassen ◆ letzten Konsenspunkt nennen
Nutzen aufzeigen	◆ konkrete Vorteile aufzeigen ◆ Negativfolgen schildern
Ich-Botschaften	◆ Unfairness aufzeigen ◆ moralischen Druck ausüben ◆ auf die Metaebene gehen
verpflichtende Zielsetzung	◆ Suggestivfrage ◆ kleinster gemeinsamer Nenner
Teilergebnis sichern	◆ Richtung festlegen ◆ verpflichten auf Erreichtes ◆ spätere Irritation vermeiden

Die Standpunktformel

Diese Formel eignet sich immer dann, wenn Sie einen Standpunkt vertreten wollen. Sie beginnen mit der These und begründen diese im weiteren Verlauf des Vortrags:

„Tempo 100 auf allen Autobahnen – zu viele Verkehrsunfälle – Teststrecke „X-Y-Z“ hat es gezeigt … – Tempolimit reduziert Anzahl der Unfälle – ich bitte um Ihre Unterstützung.“

Wählen Sie diesen Argumentationsaufbau, wenn Sie sicher sein können, dass Sie nicht von vorneherein mit Ablehnung rechnen müssen. In einem solchen Fall ist es sinnvoller, die Argumentation schrittweise zu entwickeln und die These an den Schluss zu stellen (vgl. nächste Seite).

Die Standpunktformel

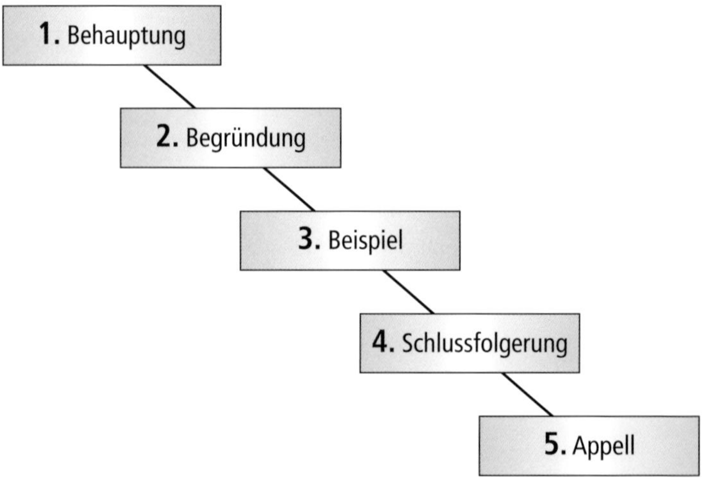

Dialektischer Fünfsatz

Dieser Klassiker im Argumentationsaufbau sollte zu Ihrem Standardrepertoire im Geschäftsleben gehören. Sie dokumentieren Ihrer Umgebung, dass Sie Lösungsvorschläge analytisch entwickelt haben.

Bei einer Projektpräsentation könnte das zum Beispiel so aussehen: „Unsere im Einsatz befindliche Software macht uns zunehmend Schwierigkeiten – die Ursachen liegen hauptsächlich in unsystematischen, von vielen Entwicklern durchgeführten Änderungen – Ziel ist, zum kritischen Jahresabschluss eine moderne Software einsetzen zu können – mein Vorschlag ist, ein Standardpaket auszuwählen, weil ... – ich bitte Sie um Entscheidung bis zum ...“

Sie holen Ihre Zuhörer im problembehafteten Jetzt und Hier ab und geleiten sie bis zu den Vorteilen der von Ihnen vorgeschlagenen Lösung.

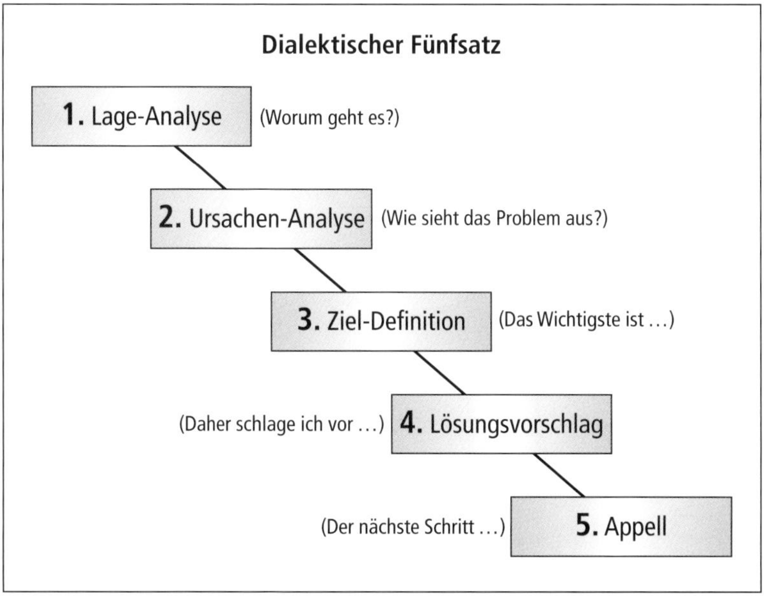

Das ARGU-STRUCT

Wenn es darauf ankommt, müssen Sie viel in die Vorbereitung Ihrer Argumentation investieren. Legen Sie sich ein Arbeitshilfsmittel, quasi einen roten Faden zurecht, anhand dessen Sie entwickeln und später vortragen.

Das ARGU-STRUCT ist ein erprobtes Arbeitshilfsmittel. Emil Hierhold und Erich Laminger haben den „Dialektischen Fünfsatz" so weiterentwickelt, dass ein System entstanden ist. Durch das Kommentieren der einzelnen Zeilen entsteht der rote Faden, die Schwerpunkte setzen Sie anschließend.

Je nach Bedarf können Sie tief in die emotionale Trickkiste greifen, wenn Sie die Punkte „negative Folgen" sowie „positives Ergebnis" bearbeiten.

Das ARGU-STRUCT

Schlagzeile: „Worum geht es?"

Situation: „Wie sehen die Tatsachen aus?"

– **negative Folgen:** „Was passiert,wenn ..."

Zielrichtung: „Das Wichtigste ist ..."

Vorschlag: „Ich schlage daher vor ..."

\+ **positives Ergebnis:** „Die Folge ist ..."

nächste Schritte: „Was muss getan werden?"

Auflösung: „Wie verändert sich ...?"

Nutzenorientierte Argumentation

Auf der Suche nach der passenden Argumentation übernehmen wir die Perspektive des anderen, gehen also von dessen Denk- und Handlungsmustern aus. Wir wollen ja nicht unbedingt beweisen, dass etwas wahr ist, sondern dass der andere etwas für wahr hält.

Die AIDA-Formel systematisiert diesen Ansatz (*Attention* – Aufmerksamkeit erzeugen, *Interest* – Interesse wecken, *Desire* – Wünsche wecken, *Action* – Handlung einleiten).

Wollen Sie erleben, wie es funktioniert, so stellen Sie sich vor den Stand eines Propagandisten auf dem Markt (der mit dem Gemüsehobel!): Bevor Phase 1 nicht erfolgreich war (er braucht Publikum am Stand!), wird er nicht zur Sache kommen; Phase 2 mündet in den erfolglosen Versuch, mit der alten, rostigen Reibe schöne Gurkenstifte herzustellen; in Phase 3 kommt das neue Produkt zum Einsatz, eine appetitliche Gemüseplatte entsteht; dem Angebot in Phase 4 kann man kaum widerstehen: Mehrere Zugaben nur hier und heute, und das zum Vorzugspreis!

Nutzenorientierte Argumentation

Psychologisches Verfahren		Technisches Verfahren
1. Kontakt knüpfen, Beziehung gestalten	→	Aufmerksamkeit erzeugen
2. Bedürfnisse ermitteln, Informationen gewinnen	→	Fragetechnik
3. Vorteile/Nutzen herausstellen	→	Du/Sie-bezogene Argumente
4. Lösung anbieten, Vereinbarungen treffen	→	Handlung einleiten

Die Stufenregel

Wer im Gespräch oder in einer Präsentation Handlungsalternativen anbietet, macht sich sinnvollerweise vorab Gedanken über die Reihenfolge, in welcher er dieselben anbietet.

Ungünstig ist es, mit der favorisierten Alternative zu beginnen und die nicht favorisierte(n) folgen zu lassen: Zeitnah Vernommenes prägt sich beim Zuhörer am intensivsten ein. Handeln Sie die Nicht-Favoriten kurz und knackig zu Beginn ab und leiten danach auf Ihren Favoriten über, dessen Nachteile Sie gegebenenfalls erwähnen, um dann den Schwerpunkt Ihrer Ausführungen auf die Vorteile der von Ihnen favorisierten Alternative zu legen.

Mit diesem Trick haben Sie nichts unter den Tisch gekehrt und dennoch die Weichen in Ihrem Sinne gestellt.

Die Stufenregel

Reihenfolge der Argumente

Verhandeln

Verhandlungen gehören zu den eher kritischen Situationen und sollten daher gut vorbereitet sein. Wer verhandelt, hat Ziele vor Augen: Ein Wunschziel sowie eine oder mehrere Rückzugspositionen.

Entscheiden Sie vorab, wo Ihre Schmerzgrenze liegt. Führen Sie das Gespräch aktiv, hören Sie Ihrem Partner zu und stellen Sie Fragen. Sorgen Sie dafür, dass Ihr Partner beim Thema bleibt. Begründen Sie Forderungen, welche Sie stellen. Lassen Sie sich nicht unter Ihre Schmerzgrenze herunterhandeln.

Und: Trennen Sie Person und Sache! Mit einem „Ich weiß, das belastet Ihre Kostenstelle“ lebt Ihr Verhandlungspartner ungleich besser als mit einem „Sie gönnen mir das wohl nicht!“

Verhandeln

- Bereiten Sie sich gut vor!
- Entwickeln Sie Positionen mit Rückzugsstufen!
- Hören Sie aktiv zu und fragen Sie!
- Begründen Sie, bevor Sie fordern!
- Lassen Sie sich nicht vom Thema ablenken!
- Trennen Sie Person und Sache!
- Bleiben Sie hartnäckig!

Einwandbehandlung

Einwände sind nicht per se schlecht – dokumentieren sie doch, dass der Gesprächspartner gedanklich bei uns ist. Der konstruktive Umgang mit Einwänden benötigt maximal drei Schritte:

Im ersten Schritt wird der Einwand akzeptiert. Nehmen Sie ihn als Signal ernst, was natürlich nicht bedeutet, dem Partner recht zu geben! Im zweiten Schritt lösen Sie den Einwand auf – sofern Sie ihn auflösen können.

Wenn der Einwand berechtigt ist, ist es sinnlos, dagegen anzukämpfen. In diesem Fall erfolgt Schritt Nummer drei: Versuchen Sie, das Gewicht des Einwands durch weitere Fakten aufzuwiegen, etwa so: „Stimmt, diese Lösung ist teurer. Dafür haben wir aber die Gewissheit, dass der Termin eingehalten wird!“

Einwandbehandlung

1. **Akzeptieren**
   Einwand als Signal ernst nehmen,
   nicht dem Partner recht geben
2. **Auflösen**
   sofern dies möglich ist
3. **Aufwiegen**
   nicht gegen berechtigte
   Einwände ankämpfen,
   aufwiegen durch weitere Fakten

Fragetechnik

Schwierige Situationen in Gesprächen entstehen häufig durch wenig hilfreiche Aussagen von Teilnehmern – von Pauschalisierungen bis zu Killerphrasen. Die Diskussion beginnt zu stocken oder unproduktiv zu werden.

Die Technik des Nachfragens ermöglicht es, den Ball wieder zurückzuspielen. Zum Nachfragen eignen sich besonders die sogenannten W-Fragen, die mit den Fragewörtern was, wie, welche, wozu und so weiter eingeleitet werden. Dadurch entstehen offene Fragen, die einen entsprechenden Antwortspielraum anbieten.

Richtig eingesetzt ist die Frage ein mächtiges Instrument. Nutzen Sie es – man kann es selbst in mündlichen Prüfungen erfolgreich anwenden!

Fragetechnik

Fragetyp	offene („W"-)Fragen
Fragequalität	echte, nicht bloßstellen
Fragerichtung	nach vorn: Lösung/Ergebnis nach hinten: Problem/Ursache
Verbindlichkeit der Ansprache	vom „man" über „wir" zum „Du/Sie"
Konjunktiv	„Brücken bauen"/hinführen

Fragetypen

Die erwähnten W-Fragen (mit Ausnahme der Warum-Frage) gehören zum Typus der Motivierungsfragen. Sie regen den Gesprächspartner an, sich zu öffnen: „Wo sehen Sie die Gründe dafür, dass …?“ oder „Was ist Ihre Erfahrung in dieser Sache …?“.

Gehen Sie mit Bedacht mit dem weiteren Repertoire um. Suggestiv- und rhetorische Fragen sind von nicht allzu schlichten Gemütern leicht zu durchschauen und führen bisweilen zu unerwünschten Reaktionen.

Provokativ- und Fangfragen motivieren negativ, Letztere natürlich nur, wenn sie durchschaut wurden.

Übrigens: Die Akzeptanz eines Moderators steht und fällt mit der Qualität seiner Fragen.

Fragetypen

Fragetyp		Wirkung
Motivierungsfrage	→	lädt ein, regt an, sich zu öffnen
Provokativfrage	→	motiviert negativ
Suggestivfrage	→	manipuliert, reizt zum Widerspruch
rhetorische Frage	→	beinhaltet die Antwort, dominiert
Fangfrage	→	motiviert negativ, wenn erkannt

Umgang mit Killerphrasen

Killerphrasen können das schnelle Ende eines Gesprächs bedeuten. Der andere greift in die rhetorische Trickkiste und operiert mit vagen Begriffen, Pauschalisierungen, Vergleichen und so weiter. Hierauf sinngemäß mit einem „Doch" zu reagieren, bringt den Prozess nicht weiter.

Durch den sanften Druck geeigneter Fragen bringen Sie Ihr Gegenüber dazu, präziser zu werden. Der Prozess bekommt dadurch eine Chance.

Nutzen Sie das Repertoire der offenen W-Fragen: Was – wie – wozu – welche erzeugen einen Antwortspielraum. Gehen Sie vorsichtig mit der „Warum"-Frage um: Sie ist rückwärtsgerichtet, sucht nach Problemen und Ursachen und führt häufig zu einer Schuldzuweisung. Jedes „Warum" lässt sich umformulieren in ein „Worin sehen Sie die Gründe für …?"

Umgang mit Killerphrasen

persönliche Blockaden	*… geht nicht …*	Chancen aufzeigen
unspezifizierte Begriffe	*… nicht sauber …*	definieren
Pauschalisierung	*… überall so …*	präzisieren
Annahmen	*… will doch nicht …*	Gründe suchen
Vergleiche	*… damals auch …*	Zulässigkeit prüfen

Umgang mit Beschwerden

Reklamationen und Beschwerden fußen oftmals nicht auf einer objektiven Einschätzung der Sachlage, sondern auf dem Gefühl, schlecht behandelt worden zu sein. Fehlende Wertschätzung lässt sich daher nicht durch sachliche Zugeständnisse ersetzen, gezielte Wertschätzung kann jedoch sachliche Zugeständnisse weniger nötig machen.

Die Herausforderung besteht demnach darin, nicht nur die konkrete Beanstandung zu bearbeiten, sondern sich auch den verletzten Gefühlen des Gesprächspartners zu widmen.

Wie das funktionieren kann, zeigt diese kleine Anekdote: Ein Kunde bringt einen Mietwagen zurück und ist von einer Pannenserie und dem Stau in der Innenstadt emotional aufgeladen. Wütend schleudert er dem Station Manager allerlei Unfreundlichkeiten entgegen. Dieser bleibt gelassen und fragt freundlich: „Was muss ich tun, um Sie lächeln zu sehen?“ Peng – die Luft war raus!

Umgang mit Beschwerden

1. **Beziehungsebene** Verständnis zeigen Ärger nachvollziehen ernst nehmen	Der Prozess startet verbal/nonverbal nicht auf der Sachebene!
2. **Sachebene** sachliche Details erörtern Angebote/Kompromisse	Gute Beziehung eröffnet die Chance auf sachlichen Erfolg!
3. **Beziehungsebene** positiv abschließen	Die zukünftige Beziehung ist nicht gestört!

Schlagfertigkeit

Schlagfertigkeit wird von den Gurus der Kommunikation als „Königsdisziplin“ der Rhetorik bezeichnet. Wer kennt nicht diese Filmszenen, in denen einer, wie Eddy Murphy, von Gangstern gehetzt und in die Enge getrieben, der Aufforderung, nun doch endlich klein beizugeben, mit einem flotten Spruch begegnet. Was die meisten Betrachter vergessen: An diesem Dialog haben Drehbuchautoren tagelang gefeilt!

Es gibt Menschen, denen die Fähigkeit zum schlagfertigen Reagieren angeboren zu sein scheint. Die übrigen können es – bis zu einem gewissen Grad – trainieren. Was jeder kann, ist das: Legen Sie sich ein Repertoire an Schlagfertigkeit zu! Der Altmeister Loriot hat es uns vorgemacht: Ein lockeres „Ach was“ kann der spitzen Bemerkung eines Gegenübers sofort allen Wind aus den Segeln nehmen.

Schlagfertigkeit

Körpersprachlich …	stumme Geste
zweisilbiger Kommentar …	„ach was"
Durchzug-Technik …	keine Antwort
Auszeit-Technik …	Bedenkzeit einfordern
Retour-Technik …	Gegenvorwurf
Besser-als/Gerade-weil-Technik …	recht geben und steigern
Vernebelungstaktik …	Unsinn reden
Abgrenzungstaktik …	Fairness fordern
Zustimmung …	recht geben

Unfaire Argumentationstechniken

Hierarchen beispielsweise greifen gerne zu unfairen Argumentationstechniken – manche gezielt, andere völlig unreflektiert. Aber von wem bekommt ein Hierarch denn schon konstruktives Feedback?

Wer Unfairness in seine Argumentation einfließen lässt, dokumentiert einen massiven Mangel an Wertschätzung für sein Gegenüber. Als Betroffener ist es ratsam, emotional „intelligent" zu reagieren. Hinterfragen Sie bestimmte Äußerungen, sprechen Sie Störungen offen an, zeigen Sie Betroffenheit.

Wenn Sie schon kämpfen wollen, dann tun Sie es nicht auf der (scheinbar) sachlichen Ebene, sondern auf der Metaebene: „Können Sie verstehen, dass mich Ihre Äußerung ziemlich betroffen macht?"

Unfaire Argumentationstechniken

◆ persönlich abwerten	„… würde mich sehr wundern, wenn Sie es diesmal schaffen …"
◆ beleidigen	„Sie hören sich wohl gerne reden!"
◆ drohen	„Ich kann Ihnen nur raten, …"
◆ bestreiten	„Da sind Sie falsch informiert."
◆ abwerten von Äußerungen	„… ist doch heiße Luft …"
◆ In die Enge treiben	„Nun sagen Sie endlich – ja oder nein!"
◆ Kompetenz anzweifeln	„Sie haben doch keinerlei praktische Erfahrung."
◆ Schuldgefühle erzeugen	„Ihr Verhalten schadet allen hier."

Unfaire Angriffe abwehren

Das gehört zu den schwierigen Kapiteln im Buch der Kommunikation: Unfairness des anderen erkennen und in geeigneter Form darauf reagieren.

Sie können sich in der Kunst trainieren, Provokationen gezielt zu ignorieren und Ihr Gegenüber ins Leere laufen zu lassen. Das ist nicht einfach, aber bisweilen wirksam! Wenn Sie unfair angegangen werden – verteidigen Sie sich nicht. Auf diese Reaktion wartet der andere und führt das Gespräch in eine Richtung, die Sie nur schwer wieder ändern können.

Erfahrungsgemäß zeigt sich, dass die meisten unfairen Angreifer von ihrem Vorhaben ablassen, wenn dieses thematisiert wird. Begeben Sie sich auf die Metaebene und spiegeln Sie Ihre Wahrnehmung.

Unfaire Angriffe abwehren

- Ignorieren Sie Provokationen!
- Verteidigen Sie sich nicht!
- Begegnen Sie Emotionen mit ebensolchen!
- Bauen Sie eine goldene Brücke zur Sachlichkeit!
- Thematisieren Sie die Unfairness!
- Neutralisieren Sie – verweisen Sie auf später!

Versachlichen

Unsachlichkeit führt leicht dazu, dass sich Gespräche „aufschaukeln". Dann auf den Tisch zu hauen und lautstark Sachlichkeit einzufordern, führt eher zum gegenteiligen Effekt.

Seit Daniel Golemans Bestseller „Emotionale Intelligenz" wissen wir um die Bedeutung dieser Facette von Intelligenz. Sie ist der Schlüssel zur Strategie der Versachlichung. Aber wie wir alle schon erlebt haben, ist das leichter gesagt als getan. Hat der andere erst einmal die emotionalen Knöpfe an uns identifiziert, geht die Rakete los.

Sie sollten – schrittweise – Ihre emotionalen Knöpfe reduzieren. Das geht mit Vorsatz, Übung und Erfahrung. Dann haben Sie die Chance, gezielt aus dem unten stehenden Repertoire schöpfen zu können.

Versachlichen

- aktiv zuhören, den Gesprächspartner entspannen
- positiv formulieren, keine emotionsbehafteten Formulierungen
- offene Fragen stellen, sodass sich der andere erklären kann
- wiederholen, damit der andere Chance hat, neu zu formulieren
- Problempunkte umbenennen, von beiden getragene Formulierungen einführen
- wiederanknüpfen an einen Gesprächspunkt mit Konsens
- zusammenfassen, Sachverhalte aufzeigen
- gemeinsame Lösungen suchen, Kompromissbereitschaft zeigen

6.

Moderieren

Merkmale der Moderationsmethode

Die Moderationsmethode entstand Anfang der 70er-Jahre des vorigen Jahrhunderts als ein Ergebnis der Studentenrevolten Ende der 60er-Jahre. Als Keimzelle gilt das „Quickborner Team".

Die Methode bietet ein Bündel an Vorgehensweisen und Techniken, mit deren Hilfe Arbeitsgruppen, Meetings, Workshops und so weiter zielorientiert und effizient geleitet und gesteuert werden können. Wesentliches Merkmal ist die Mitwirkung und -gestaltung aller Beteiligten an den Prozessen. Dadurch grenzt sie sich von den herkömmlichen „Sitzungen" mit deren Schwächen ab.

Übertragen auf den betrieblichen Alltag zeichnet sich die Moderationsmethode durch die unten stehenden Merkmale aus.

Merkmale der Moderationsmethode

- Entscheidungen durch die Gruppe, nicht durch den Leiter
- Harmonisierung der Redezeit einzelner Teilnehmer
- permanente Visualisierung der wesentlichen Sachverhalte
- zielorientiertes Vorgehen durch strukturierten Ablauf
- Bearbeitung von Themen wechselweise im Plenum/in Kleingruppen
- wertende Beiträge anonym möglich

Die Rolle des Moderators

Der Moderator ist der „Dienstleister“ der Gruppe. Er ist dafür verantwortlich, dass die Gruppe ein Ergebnis erzielt, nicht jedoch für die inhaltliche Ausgestaltung.

Moderator kann theoretisch jeder sein, der über das methodische Instrumentarium verfügt und die erforderliche „innere Grundhaltung“ mitbringt – fachlicher Experte braucht er (und sollte er manchmal) nicht zu sein.

Ungeeignete Moderatoren sind Hierarchen, die von ihrem Direktionsrecht – verborgen unter dem Mantel der Moderationssituation – Gebrauch machen, wenn ihnen Beiträge der Beteiligten zuwiderlaufen.

Die Rolle des Moderators

Der Moderator

- ist verantwortlich für den Prozess, nicht das Ergebnis
- ist inhaltlich neutral
- nimmt eine fragende Haltung ein
- hat stets das Ziel vor Augen
- achtet darauf, dass sich alle Teilnehmer einbringen können
- visualisiert permanent Ergebnisse, Beiträge ...
- klärt offene Punkte
- ist sensibel für Stimmungen und Störungen
- ist der „Dienstleister" der Gruppe

Er ist NICHT

- Leiter, Führer oder Hierarch
- inhaltlicher Experte oder „Oberlehrer"
- außenstehender Beobachter oder unbeteiligt

Rollenkonflikte

Als Projekt- oder Teamleiter sind Sie in der Situation, einerseits die Sache vorantreiben und andererseits den Prozess steuern zu müssen. Die reine Moderatorenrolle ist dann genauso wenig zielführend wie die reine Leiterrolle.

Der „teilnehmende Moderator" soll sich mal inhaltlich beteiligen, dann aber wieder inhaltlich neutral bleiben – je nach Phase wechselt seine Rolle. Wichtig für seine Glaubwürdigkeit ist, dass er stets zu erkennen gibt, welchen Hut er auf dem Kopf trägt und jeden Wechsel transparent macht.

Transparenz erreichen Sie zum Beispiel dadurch, dass Sie in der Moderatorenrolle stehen, als Teilnehmer Platz nehmen. Während Sie sich inhaltlich beteiligen, ruht Ihre Moderatorenrolle! Gegebenenfalls wird sie von einem Partner wahrgenommen, der zuvor benannt wurde.

Rollenkonflikte

sachlich involviert sein

den Prozess steuern

Mögliche Konfliktlösungen:

- Rollenwechsel transparent machen (z. B. stehen als Moderator/sitzen als Beteiligter)
- Moderatorenrolle teilen (Partner moderiert zeitweise)

Inhaltliche Vorbereitung

Sie sind als Moderator für den Prozess verantwortlich – folglich müssen Sie Ihre Vorbereitung darauf fokussieren, dass der Prozess ein Ergebnis hervorbringt. Klären Sie mit dem Auftraggeber exakt ab, welches Ziel mit der moderierten Runde erreicht werden soll (und kann).

Ihre Akzeptanz als Moderator muss unstrittig sein. Ihre Kompetenz im Entwickeln von Moderationsabläufen wächst mit der Erfahrung. Ein wichtiger Erfolgsfaktor ist erfahrungsgemäß ein gutes Händchen, was die Formulierung von Prozessfragen angeht. Nutzen Sie das Repertoire der W-Fragen, diskutieren Sie Ihre Formulierungen vorab im Kollegenkreis.

Inhaltlich müssen Sie kein Kompetenzträger sein, verstehen, worum es geht, sollten Sie aber schon.

Inhaltliche Vorbereitung

- Auftrag/Vorgeschichte/Zielsetzung prüfen
- Akzeptanz als Moderator abklären
- Informationen über Teilnehmer einholen
- notwendige Einarbeitung ins Thema vornehmen
- Thema und Fragestellungen planen und formulieren
- Moderationsdesign erstellen
- Visualisierungen anfertigen

Organisatorische Vorbereitung

„Wir laden Sie ein zu einer Sitzung am … zum Thema …“ – wie oft bekommt man solche oder ähnliche Einladungen! Es sollte natürlich nicht zu einer Sitzung eingeladen werden (da sitzt man und spielt den Konsumenten), die Angesprochenen sollten vielmehr vorbereitet werden auf eine Veranstaltung, die sie inhaltlich aktiv mitgestalten sollten.

Lassen Sie sich die organisatorische Vorbereitung nicht aus den Händen nehmen, sie ist ein Teil Ihres gewünschten Erfolgs. Strategierunden in der gewohnten Büro-Alltagsumgebung gehören ebenso auf den Prüfstand wie Konfliktrunden im Luxushotel.

Gehen Sie in puncto Moderationsmaterial keine Kompromisse ein: Nichts ist schlimmer, als wenn zwei Teilnehmer sich einen Stift teilen müssen.

Organisatorische Vorbereitung

- Zeitpunkt und Zeitrahmen klären
- Ort und Raum aussuchen und prüfen
- Verpflegung und Pausen organisieren
- Teilnehmer informieren und einladen
- Medien und Material organisieren/vorbereiten

Effizienz-Förderer

Auch wenn Sie für das inhaltliche Ergebnis nicht unmittelbar verantwortlich sind – die Effizienz der Veranstaltung können Sie durch geeignete Maßnahmen fördern.

Dreh- und Angelpunkt sind ein realistischer Ziel- und Zeitrahmen sowie Klarheit über den Handlungs- und Entscheidungsspielraum der Gruppe. Wenn Themen, über die längst entschieden wurde, zur Diskussion gestellt werden, wird die moderierte Runde schnell zur Farce.

Ein Maßnahmenkatalog, gemeinhin To-do-Liste genannt, wird das Ergebnis fast jeder moderierten Sitzung sein. Sorgen Sie dafür, dass er verbindlich und realistisch formuliert wird – und hängen Sie ihn zu Beginn der Folgeveranstaltung für alle sichtbar auf!

Effizienz-Förderer

- geeigneter, akzeptierter Moderator
- angenehmer Veranstaltungsrahmen
- realistischer Ziel- und Zeitrahmen
- Klarheit über Handlungs- und Entscheidungsspielraum
- Spielregeln für die Gruppe
- Maßnahmenkatalog
- Feedback zur Veranstaltung

Spielregeln

Spielregeln definieren ist die eine Sache, sie einzufordern die andere. Gerade wenn Hierarchen beteiligt sind, kostet es oftmals erhebliche Mühe, auf die Einhaltung zu dringen.

Schreiben Sie Ihre Spielregeln auf einen Bogen Flipchart-Papier und hängen Sie diesen für alle stets sichtbar an die Wand. Wer auch immer gegen die Regeln verstößt, wird darauf hingewiesen. Der Fingerzeig auf „Wir übernehmen Verantwortung für den Verlauf" ist eine Ihrer schärfsten Waffen als Moderator.

Wenn Sie sich gegen Methoden-Zweifler zur Wehr setzen müssen – verweisen Sie auf die akzeptierten Spielregeln. Sie sind akzeptierter Moderator und Methodenspezialist.

Spielregeln

- Wir arbeiten an der Sache.
- Wir sprechen aus, was wichtig ist.
- Wir hören den anderen zu.
- Wir benutzen keine Killerphrasen.
- Wir übernehmen Verantwortung für den Verlauf.
- Wir akzeptieren die Rolle des Moderators.

Phasen im Überblick

Die unten dargestellte Phasenfolge eignet sich als Grundgerüst für fast jede Moderationsrunde. Natürlich wissen auch Sie als Moderator vorab nicht, was genau in und mit der Gruppe geschehen wird.

Versuchen Sie, für jede Phase möglichst genau festzulegen, welche Ziele Sie verfolgen, mithilfe welcher Methoden und Techniken Sie die Ziele erreichen möchten und welche Hilfsmittel Sie jeweils benötigen. So entsteht ein Moderationsplan, welcher mit einem Zeitgerüst hinterlegt werden kann.

Für jede Phase gibt es Techniken, die sich primär anbieten. Reiten Sie eine Technik nicht zu Tode – nach der zweiten Kartenfrage macht keiner mehr motiviert mit!

Phasen im Überblick

Phase	Ziele	Techniken
Einstieg	Atmosphäre schaffen/ Problemorientierung	Ansprache Blitzlicht
Themen/ Problemsammlung	Themen und Probleme identifizieren/Schwerpunkte und Rangfolgen bilden	Zuruffrage Kartenfrage Themenspeicher
Themen/Problem- bearbeitung	Vertiefen der Aspekte Lösungsansätze erarbeiten	Kleingruppenarbeit Diskussion
Abschluss	Umsetzungsschritte festlegen/ Feedback einholen	TO-DO-Liste Blitzlicht

Einstieg

Analog zu Vortrags- und Präsentationssituationen empfiehlt es sich, zu Beginn auf das Atmosphärische zu achten und sich mit der Gruppe langsam „warmzulaufen“. Ganz wichtig ist die Formulierung von gemeinsam getragenen Zielen für die moderierte Runde. Unrealistische Zielvorstellungen in den Köpfen einiger Anwesender müssen thematisiert werden.

Wenn Menschen aufeinandertreffen, die sich noch nicht kennen, liegen Sie mit einer Kennenlern-Runde immer richtig. Dabei können Sie sanften Druck auf die sonst Stillen ausüben.

Meinungen, Haltungen, Einschätzungen, Erwartungen sind in vielen Situationen besonders wertvoll. Machen Sie diese hier transparent, Sie haben ein reiches Repertoire an Methoden und Techniken zur Verfügung!

Einstieg

Was	Wozu	Wie
Begrüßung/Vorstellung	Eröffnung	Steckbrief
Kennenlernen	Hinführung zum Thema	Partnerinterview
Organisatorisches	Orientierung	Gruppenspiegel
Vereinbarungen	Atmosphäre schaffen	Vorstellungsrunde
Einführung ins Thema	Einstellung der Gruppe	Einpunktfrage
Ziele/Agenda abstimmen		Erwartungsfrage
Erwartungen einholen		Blitzlicht

Themen- und Problemsammlung

In dieser ersten inhaltlichen Arbeitsphase geht es darum, Themen, Probleme und so weiter zu identifizieren und zu sammeln, um sie später bearbeiten zu können. Ziel ist die Schaffung einer gemeinsamen Informationsbasis für alle, was eine weitere Bearbeitung erst möglich macht.

Methodisch stehen mehrere Möglichkeiten zur Auswahl: Fragen, die auf Zuruf beantwortet werden, Beiträge, welche schriftlich (und damit weitgehend anonym) gesammelt werden. Die Qualität der vom Moderator vorbereiteten Frage bzw. These ist der Schlüssel für den Erfolg.

Schon während oder nach dem Sammeln werden die Beiträge strukturiert. Ergebnis ist eine von allen getragene Themenliste, welche danach mit Prioritäten versehen wird. Dadurch entsteht die Reihenfolge der Bearbeitung.

Themen- und Problemsammlung

Was	Wozu	Wie
Themen und Probleme sammeln bzw. strukturieren	Informationsbasis schaffen	Kurzpräsentation Zuruf-Frage Kartenfrage Themenspeicher
Schwerpunkte und Rangfolgen bilden	Themen und Probleme transparent machen	
	Basis für weitere Bearbeitung schaffen	

Themen- und Problembearbeitung

Nun können die Themen entsprechend der festgelegten Prioritäten bearbeitet werden. Ziele können Ansatzpunkte für Lösungen, konkrete Lösungswege oder aber nur eine vertiefte Problembehandlung sein.

Die geeignete Methodik hängt von mehreren Faktoren ab: Wie groß ist die Gruppe? Kann/muss parallel gearbeitet werden? Können Teilaspekte herausgelöst werden? Wie viel Problemlösungskompetenz traue ich der Gruppe zu? Daraus ergeben sich Arbeitsformen wie Kleingruppenarbeit oder Plenumsarbeit sowie Arbeitsraster. Bei Gruppenarbeit ist es wichtig, dass der Moderator klare Aufträge vergibt und dafür sorgt, dass die Arbeitsergebnisse für alle aussagekräftig sind.

Erfahrungsgemäß ist dezentes „Walk-around“ zwischen Kleingruppen hilfreich, um rechtzeitig methodische Fehlentwicklungen korrigieren zu können.

Themen- und Problembearbeitung

Was	Wozu	Wie
Diskussion/ Argumentation	Informationsaustausch	Visualisierte Diskussion
Meinungen/ Bewertungen	Problemanalyse	Gruppenarbeit
Vor-/Nachteile	Ansatzpunkte für Lösungen finden	Brainstorming
Lösungsvorschläge	Entscheidung für Lösungsweg	Arbeitsraster

Abschluss

Eine Ihrer vornehmlichsten Pflichten als Moderator besteht darin, dafür zu sorgen, dass den Ergebnissen der Runde Handlungen folgen. Gemeinsam wird ein Maßnahmenplan erstellt, aus dem hervorgeht, wer bis wann für was verantwortlich ist. Die Teilnehmer verpflichten sich zu konkreten Aktivitäten innerhalb des festgelegten Zeitrahmens. Ein „Man müsste sich darum kümmern …" lassen Sie als Moderator nicht zu!

Am Ende der Veranstaltung sollte eine Feedback-Runde stattfinden. Es empfiehlt sich, mündliches Feedback einzuholen und auch hier ein paar „Leitplanken" zu definieren, damit dieses nicht ausufert.

Ihr schönstes Erlebnis als Moderator wird sein, wenn Ihnen ein vorher skeptischer Manager später sagt: „Wir haben heute ganz schön viel geschafft!"

Abschluss

Was	Wozu	Wie
Konkrete Arbeitsaufträge an Anwesende	Konsens bei den Ergebnissen	To-do-Liste
Verantwortlichkeiten/ Terminierungen	Konkrete Maßnahmen	Maßnahmenplan
Auf Vollständigkeit/ Umsetzbarkeit prüfen	Handlungsorientierung	Blitzlicht
Feedback einholen		

Muster-Szenario für eine Strategierunde

Auch wenn der Begriff „Strategie" vielleicht etwas bombastisch klingt, er wird häufig auch in überschaubaren Organisationseinheiten verwendet.

Wenn Sie einen Tag für eine solche Strategierunde zur Verfügung haben, eignet sich das dargestellte Muster-Szenario ganz gut. Die Zeitansätze sind erprobt – auch die für die Pausen, welche Sie als Moderator für Ergebnissicherung, Umbau und so weiter benötigen und welche Sie den Teilnehmern gönnen sollten, damit diese ihr Kommunikationsbedürfnis befriedigen können.

Sollten Sie nicht über Moderationserfahrung verfügen: Nach jedem Einsatztag sind Sie „geschafft" (aber meist auch glücklich!).

Muster-Szenario für eine Strategierunde

09:00	Einstiegsrunde	
09:30	Situationsanalyse	Ziel: gemeinsames Verständnis
10:30	– Pause –	
11:00	Zielvorstellungen	Ziel: von allen getragene Ziele
12:30	– Mittagspause –	
13:30	Maßnahmen	Ziel: von allen getragenes Vorgehen
15:00	– Pause –	
15:30	nächste Schritte	Ziel: Handlungsorientierung
16:30	Schlussrunde	

„10 + X Gebote" für den erfolgreichen Moderator (1)

Der gute Moderator erhält Akzeptanz nicht nur durch seine Methodenkompetenz, sondern vor allem durch seine innere Haltung zum Auftrag und den beteiligten Menschen. Er nimmt eine fragende Haltung ein, er sorgt für Verbindlichkeit, er erkennt störende Strömungen und Entwicklungen und reagiert entsprechend. Wertschätzung gegenüber allen Anwesenden ist für ihn oberstes Gebot.

Innere Standfestigkeit ist gefragt, wenn von Teilnehmerseite an der Eignung der Methode gezweifelt wird, andererseits macht es keinen Sinn, gegen die gesamte Gruppe anzukämpfen. Sie ahnen schon: Je mehr Erfahrung in der praktischen Moderation Sie haben, desto einfacher wird es, die Gebote zu befolgen. Nutzen Sie jede Chance – und wenn Sie beim nächsten Abteilungsgeplänkel anbieten, als „Dienstleister" am Flipchart den Gang der Diskussion simultan zu visualisieren.

„10 + X-Gebote" für den erfolgreichen Moderator (1)

- Fragen statt sagen!
- Störungen haben Vorrang!
- Nicht bewerten und beurteilen!
- „Ich/wir" statt „man"!
- Nonverbale Signale beachten!
- Sich nicht rechtfertigen!
- Nicht gegen die Gruppe ankämpfen!
- Nicht über die Methode diskutieren!

„10 + X Gebote" für den erfolgreichen Moderator (2)

Je komplexer der Auftrag ist, desto sinnvoller kann es werden, sich Vorbereitung und Durchführung von moderierten Runden mit einem Partner zu teilen. Ab einer gewissen Gruppengröße bzw. einem gewissen Interaktionsmaß schafft es ein Moderator nicht mehr, die Interaktion zu steuern und gleichzeitig simultan zu visualisieren.

Bevor Sie mit einem Partner auf die Bühne steigen, sollten Sie ihn und er Sie kennengelernt haben. Beide müssen sich darauf verlassen können, dass ihnen der Partner nicht in die Parade fährt. Wer die Diskussion leitet, visualisiert nicht, wer visualisiert, fällt dem anderen nicht ins Wort.

Noch ein Tipp: Nehmen Sie Sitzungsteilnehmern ruhig einmal die Tische weg! Wer sich nicht verbarrikadieren kann, wird oftmals umgänglicher!

„10 + X-Gebote" für den erfolgreichen Moderator (2)

Wenn möglich

- zu zweit moderieren!
- raus aus der täglichen Arbeitsumgebung!
- ohne Tisch-Barrieren!
- Sitzordnung aufbrechen!

- Und: Es kommt immer darauf an!!! (alte Moderatorenweisheit)

Interaktionstechniken im Überblick

Moderation lebt von Interaktion. Als Moderator wissen Sie, dass Sie Interaktion provozieren müssen. Sie kennen Techniken, welche die Teilnehmer „warmlaufen“ lassen. Sie wissen, wie Problempunkte gesammelt werden können. Sie organisieren gekonnt die Themenbearbeitung in Kleingruppen.

Auf den Folgeseiten finden Sie eine Reihe praxiserprobter Techniken für die unterschiedlichsten Moderationsphasen. Allen gemeinsam ist, dass mit der Anwendung eine Visualisierung einhergeht.

Interaktionstechniken im Überblick

- Bewertungsraster
- Zuruf-Frage mit Visualisierung
- Kartenfrage einfach/doppelt
- Themenspeicher
- Arbeitsraster für Kleingruppenarbeit

Bewertungsraster (Blitzlicht)

In jeder Gruppe sind eine Vielzahl von Erfahrungen, Erwartungen, Meinungen und Einschätzungen vertreten. Bezogen auf die gemeinsame Arbeit sind das wertvolle Einflussfaktoren, die Sie als Moderator hin und wieder transparent machen möchten.

Bewertungsraster helfen Ihnen dabei. Es sind Momentaufnahmen (daher „Blitzlichter"), die dazu animieren, die gewünschte Information möglichst spontan zu liefern. Bereiten Sie ein entsprechendes Raster vor (z. B. auf dem Flipchart), erläutern Sie die Aufgabe und animieren die Teilnehmer dann, möglichst zügig und unbeeinflusst voneinander Klebepunkte zu setzen oder mit dem Filzschreiber zu kreuzen.

Das Ergebnis sollten Sie kommentieren.

Bewertungsraster (Blitzlicht)

Wozu?

Transparenz bei

- Entscheidungen
- Erfahrungen
- Meinungen
- Stimmungen
- Stellungnahmen

Wie?

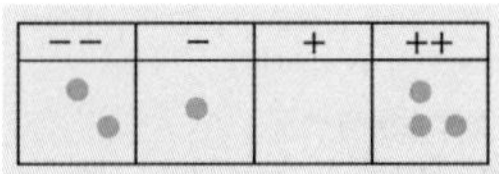

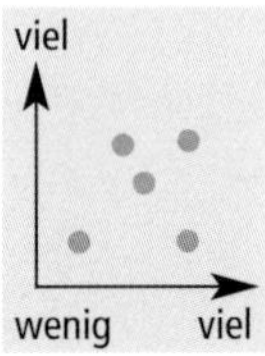

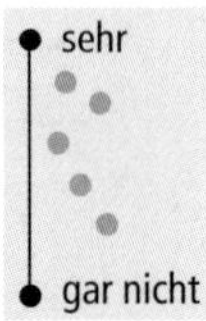

Wie lange?

5 Minuten

Zuruf-Frage mit Visualisierung

Sie wollen Beiträge, Themen, Ideen und so weiter sammeln. Wenn Sie sicher sein können, dass Ihre vorbereitete Frage für eine offene Beantwortung taugt, so nehmen Sie die Wortmeldungen entgegen und visualisieren diese. Das geht recht flott und hat den Vorteil, dass sich Teilnehmer gegenseitig inspirieren können. Wichtig: Alles wird aufgeschrieben, nichts bewertet.

Wenn Sie erwarten, dass die Nennungen kategorisiert werden können, so schaffen Sie sich entsprechend Raum auf dem Papier. Wer Kenntnisse in der Mind-Mapping-Methode hat, findet hier eine exzellente Einsatzmöglichkeit.

Treiben Sie das Spiel nicht zu lange, längstens nach 10 Minuten ist die Luft raus!

Zuruf-Frage mit Visualisierung

Wozu?	Wie?	Wie lange?
Sammeln von ◆ Beiträgen ◆ Themen ◆ Ideen in einer offenen Atmosphäre	*Was wir müssen*	5–10 Minuten

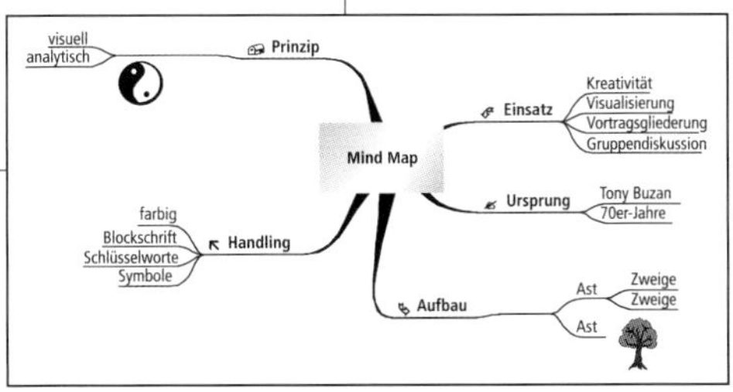

Simultanes Visualisieren

Die Technik des simultanen Visualisierens hilft Ihnen, sämtliche Beiträge aus der Gruppe unmittelbar nach Nennung so darzustellen, dass sie für alle sichtbar und in strukturierter Anordnung erhalten bleiben.

Die Herausforderung für Sie als Moderator besteht darin, den kreativen Prozess ständig zu beobachten, zu koordinieren und in Bewegung zu halten, gleichzeitig die Kernaussagen aufzunehmen und in der Visualisierung zu strukturieren.

Die Technik des Mind Mapping eignet sich hervorragend dafür. Sie benötigen einen Flipchart oder eine Pinnwand, die handwerklichen Fähigkeiten sowie die Souveränität, den Gruppenprozess in der oben erwähnten Weise zu steuern. Hören Sie zu und fragen Sie gegebenenfalls nach, bevor Sie schreiben!

Simultanes Visualisieren

Wozu?	Wie?	Wie lange?
Sammeln und sofortiges strukturiertes Darstellen von Beiträgen in Gruppengesprächen	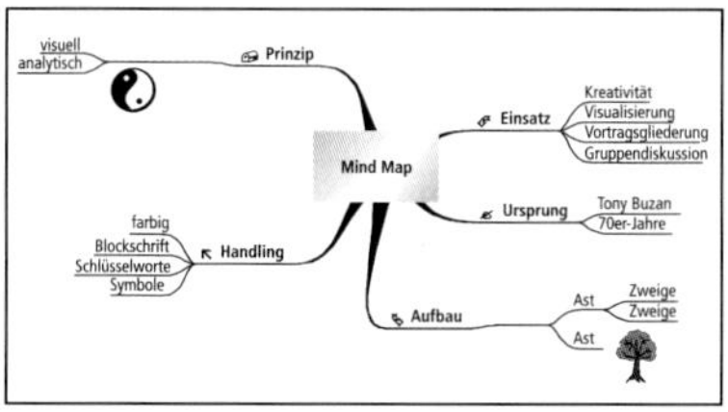	15–30 Minuten

Kartenfrage einfach/doppelt

Wenn Sie Probleme, Blockaden oder Widerstände bei einer offenen Fragerunde erwarten, so holen Sie sich die Antworten schriftlich. Das hat den Vorteil, dass alle Teilnehmer gefordert sind, alle Beiträge gleichermaßen bedeutend sind und anonym abgegeben werden können (daher bitte gleichfarbige Kärtchen und Filzschreiber für alle bereithalten).

Die Kärtchen lassen sich schon beim Anpinnen in Gruppen sortieren. Bei Verwendung der doppelten Kartenfrage („... welche Vorteile, welche Nachteile ...“) lassen sich Beiträge klassifizieren. Zur Unterscheidung können Sie verschiedenfarbige Karten austeilen.

Das Verfahren kostet Zeit, lassen Sie sich nicht hetzen! Nach der Visualisierung kommt dann in der Regel das Aufatmen bei allen: „Endlich haben wir das alles einmal an der Wand!“

Kartenfrage einfach/doppelt

Wozu?

Sammeln von
- Themen
- Problemen
- Ideen

Anonymität möglich; breites Antwortspektrum

Wie?

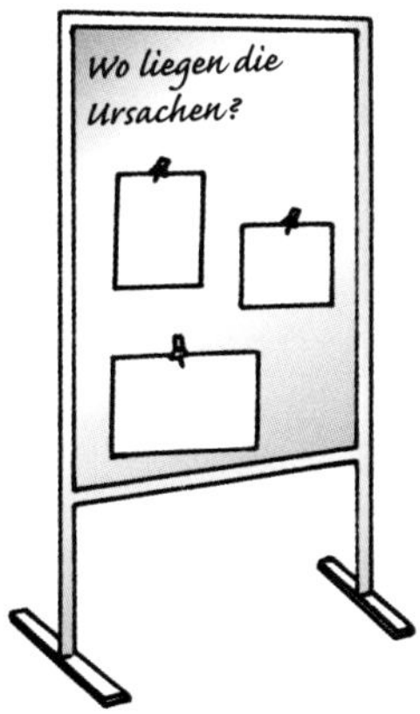

Wie lange?

30–45 Minuten

Themenspeicher

Ergebnis jeder Fragerunde ist eine visualisierte Übersicht von gruppierten Beiträgen (in der Moderation auch „Cluster“ genannt), aus denen bearbeitbare Themen benannt werden. Nun gilt es, gemeinsam die Reihenfolge der Bearbeitung festzulegen.

Ein erprobtes Werkzeug ist der Themenspeicher, in den der Moderator die Themen einträgt. Die Reihenfolge ist unerheblich. Die Gruppe muss nun entscheiden, welche Themen für sie im Hinblick auf die Bearbeitung Priorität haben. Es geht hier nicht darum, ob etwas wichtig oder weniger wichtig erscheint, nur über die Reihenfolge der Bearbeitung wird gewertet.

Jeder Teilnehmer benutzt Klebepunkte und klebt, möglichst unbeeinflusst von den anderen, die zugelassene Höchstzahl. Es empfiehlt sich, dabei Häufungen zuzulassen.

Themenspeicher

Wozu?

Themen
- auswählen
- gewichten
- priorisieren

Wie?

Wie lange?

5–10 Minuten

Kleingruppenarbeit

Wenn Sie in Ihrer Moderationsplanung vorgesehen haben, dass phasenweise Kleingruppenarbeit erfolgen soll, dann sollten Sie die Gruppen mit wohlformuliertem Auftrag auseinandergehen lassen: Was ist in welcher Zeit zu bearbeiten und als Ergebnis abzuliefern?

Kleingruppen sollten aus maximal fünf Teilnehmern bestehen, da ansonsten die Gefahr besteht, dass sie in Untergruppen zerfallen. Die Gruppen sollten aller Erfahrung nach nicht länger als 60 Minuten arbeiten.

Wichtig sind die individuelle thematische Orientierung und der Auftrag, den Diskussionsverlauf sowie die Ergebnisse für alle sichtbar zu protokollieren. Dieses Protokoll ist Grundlage für die spätere Präsentation im Plenum.

Kleingruppenarbeit

Wozu?	Wie?	Wie lange?
parallele Bearbeitung von Themen	◆ 3–5 Teilnehmer ◆ räumlich getrennt ◆ themenorientiert ◆ sichtbarer Diskussionsverlauf	45–60 Minuten

Arbeitsraster für Kleingruppen

Man erlebt in Kleingruppensituationen sehr oft, dass sich auch gestandene Fach- und Führungskräfte methodisch sehr schwer tun: Die Bearbeitungszeit ist abgelaufen und man streitet sich immer noch über die Vorgehensweise.

Geben Sie Kleingruppen Strukturen an die Hand: Das geht prima mit einem Arbeitsraster, in welchem die Kategorien genannt werden, in denen die Gruppe arbeiten soll. Sie erreichen damit, dass der Gruppenprozess schnell produktive Züge annimmt, Widersprüche und Gemeinsamkeiten deutlich werden, und sorgen dafür, dass die präsentierten Ergebnisse aller Gruppen vergleichbar sind und zusammenpassen.

Die Formulierung der Arbeitsraster darf keine inhaltliche Zielsetzung suggerieren. Sie soll lediglich den Diskussionsprozess unterstützen.

Arbeitsraster für Kleingruppen

Formulierung von Prozessfragen

Wie schon früher erwähnt, nimmt der wirklich gute Moderator eher eine fragende Haltung ein. Prozessfragen sind Meilensteine im Moderationsablauf. Mit ein wenig Praxis und bei Beherzigung der handwerklichen Regeln ist die Formulierung geeigneter Prozessfragen nicht wirklich schwierig.

Wählen Sie offene, weiterführende Fragen, welche die Anwesenden einladen, Antworten zu finden. Fast alle W-Fragen gehören in diese Kategorie. „Warum“ ist die Ausnahme: Mit diesem Fragewort fragen Sie nach dem Verursacher und dem Schuldigen, was die Bereitschaft zu konstruktiven Beiträgen nicht unbedingt fördert.

Formulieren Sie Ihre Fragen positiv provozierend („Wie können wir es besser machen?“) sowie persönlich. Vermeiden Sie das anonyme „man“.

Formulierung von Prozessfragen

- einfach, aber nicht banal
- persönlich (nicht „man ...")
- geeignet, um Antworten zu finden
- offen, weiterführend („W-Fragen")
- Vorsicht bei „Warum"
- wertfrei
- positiv provozierend
- mit aktuellem Bezug

Reagieren in „schwierigen" Situationen

Rechnen Sie damit, dass es in jeder Gruppe zu Situationen kommen kann, die Sie als „schwierig" empfinden: Schon die Vielzahl von Kommunikationstypen (vgl. Kapitel 1 „Kommunizieren") erhöht die Wahrscheinlichkeit, Teilnehmer vom Typ „Vielredner", „Angreifer" oder „Gefangener" vor sich zu haben.

Schwierige Situationen, die unabhängig von einzelnen Teilnehmern entstehen, können zum Beispiel die folgenden sein: Es entsteht – trotz guter Zeitplanung – Zeitdruck oder die vorgesehene Methodik erweist sich als ungeeignet, die Methode wird abgelehnt oder die Gruppe verhält sich passiv.

Gehen Sie konstruktiv mit derartigen Situationen um. Sie sind nicht das Ziel einer Attacke, sondern es entwickelt sich etwas Unvorhergesehenes. Reagieren Sie in angemessener Weise, aber reagieren Sie, denn „Störungen haben Vorrang!".

Reagieren in „schwierigen" Situationen

Situation	mögliche Reaktionen
◆ inhaltliches Stocken	◆ Spielregeln einfordern
◆ Seitengespräche	◆ Zielorientierung überprüfen
◆ persönliche Angriffe	◆ Fragetechnik einsetzen
◆ Vielredner	◆ Feedback-Technik
◆ Zeitdruck	◆ namentlich ansprechen
◆ Methodendiskussion	◆ Störung thematisieren
◆ Killerphrasen	◆ Blitzlicht
◆ Passivität	◆ Pause
◆ …	◆ …

Stichwortverzeichnis